Preface 前言

她，简单，清秀，是个人见人爱的邻家女孩。

她，声音温柔，有亲和力，被听众称为“长沙夜空里唯一的安慰”。

她，气质优雅，矜持冷静，是公众眼中不食人间烟火的“公知女神”。

她，犀利，敏锐，锋芒毕露，但有一颗炽热的扶持弱者的心，被网民视为“新闻女侠”。

她，身材娇小，禀赋不突出，但内心独立，倔强，坚韧，靠着许三多式的努力立足在央视这个最强平台……

她就是柴静！

在文学青年眼里，柴静是林徽因；在铁杆粉丝眼里，柴静是女神；在新闻系学生眼里，柴静是人生偶像；在采访对象眼里，柴静是中央电视台大牌主持人……那么，她究竟是怎样的人呢?

柴静，出生在山西临汾，曾在湖南电台主持《夜色温柔》节目，后来在中央电视台《东方时空》《新闻调查》等节目中担任记者和主持人。

柴静，给人的第一感觉是娇弱，但就是这样一个看起来弱不禁风的女子，身躯里却埋藏着火山，在担任中央电视台记者和主持人时，她把新闻

节目做得充满了女性细腻的关怀，而且又具有惊人的力量，她的精彩纷呈和强者姿态让很多同行敬佩，羡慕。

在事业上，柴静是成功的，她达到了很多新闻工作者所难以企及的高度；在生活中，柴静是淡然的，幸福的，作为年少成名的电台主持人，柴静20岁就已经小有名气，而后一系列的光环更令很多人羡慕，但柴静并没有因此而雀跃，她只是继续自己朴素而安静的生活，该读书读书，该写字写字，不争不抢、不急不忙、不卑不亢地过好每一天，正如她在介绍自己时常说的那句：“我叫柴静：火柴的柴，安静的静。”

柴静是一个安安静静的幸福女人，她的见解，她的奋斗精神，她的坚韧勇敢，她的生活态度，她的理性独立……值得我们每一个女人去学习。

鉴于此，我们出版了这本《你若精彩，老天安排——柴静给女人的88个智慧忠告》。

本书融合了柴静方方面面值得女性学习和借鉴的智慧，再同现代职场、生活相结合，有效地帮助女性正视问题、克服困难、重塑魅力、收获成功和幸福，实用性强。同时，本书摒弃了说理式的枯燥乏味，字里行间流露出爱和理解的情愫，让人在感到亲切的同时体味到一种力量。

人们常说“见贤思齐”，本书试图全面解读柴静，触碰她的思想，感知她的拼搏、知性、纯洁，还有她的理性、优雅……相信阅读完此书，你可以从中获得正能量，渐渐变得如柴静般睿智、出色、成功，也如她一般幸福……

你若精彩，老天安排

柴静给女人的88个智慧忠告

赵一 编著

中国财富出版社

图书在版编目（CIP）数据

你若精彩，老天安排：柴静给女人的88个智慧忠告 / 赵一编著. —北京：中国财富出版社，2015.7

ISBN 978-7-5047-5656-5

Ⅰ.①你… Ⅱ.①赵… Ⅲ.①女性—成功心理—通俗读物 Ⅳ.①B848.4-49

中国版本图书馆CIP数据核字（2015）第078103号

策划编辑	王秋萍	责任印制	方朋远
责任编辑	刘　晗	责任校对	杨小静

出版发行　中国财富出版社

社　　址　北京市丰台区南四环西路188号5区20楼　**邮政编码**　100070

电　　话　010—52227568（发行部）　010—52227588转307（总编室）

　　　　　010—68589540（读者服务部）　010—52227588转305（质检部）

网　　址　http://www.cfpress.com.cn

经　　销　新华书店

印　　刷　北京京都六环印刷厂

书　　号　ISBN 978-7-5047-5656-5/B·0435

开　本	710mm×1000mm　1/16	版　次	2015年7月第1版
印　张	13.5	印　次	2015年7月第1次印刷
字　数	200千字	定　价	29.80元

目 录 Contents

人生要靠自己来成全

1. 围着自己转，世界才会围着你转 / 001

2. 你只管精彩，结果老天自有安排 / 004

3. 做自己，更美丽 / 006

4. 邻家女孩，也有倔强的坚持 / 008

5. 努力就会有实现自己价值的机会 / 010

从不假思索的蒙昧里挣脱，这才是活着

6. 不要挑战“三心二意”的生活 / 013

7. 选择好一条路，就安心地走下去 / 016

8. 最有耐心的人才会不断踏出人生新高度 / 018

你对世界简单，世界就对你简单

9. 纠结的心态带来的是逼仄的道路 / 021

10. 纯粹的快乐由思想和态度产生 / 023

11. 你对世界简单，世界就对你简单 / 025

12. 不以内心的标尺衡量事物 / 027

安稳不是女人唯一的渴求

13. 女人可以没有野心，但不能没有追求 / 030
14. 蝴蝶般的蜕变才是人生的魅力所在 / 032
15. 不眷恋安稳，成功在冒险的路上 / 034
16. 积极主动才有机会领略人生美景 / 036

做出鞘的剑，而不是温室里的花

17. 认定目标后，全力以赴去追求 / 039
18. 目标可以高远，脚步必须踏实 / 041
19. 善于自我引领才能做命运的主宰者 / 043
20. 怒放的生命，因事业而精彩 / 045
21. 在奋斗中加入一些快乐的催化剂 / 047

苦楚的岁月，也是幸福的养料

22. 经过苦难洗礼的人生更加芬芳 / 049
23. 阳光总在风雨后，乌云上有晴空 / 051
24. 成功是熬出来的 / 053
25. 在变化中不断突破自我 / 055
26. 挑战，能让自己信心百倍 / 057
27. 人生不圆满，再苦也要笑一笑 / 059

成长，带走的不只是时光

28. 强大不是因为征服，而是因为承受 / 062
29. 过于争强好胜只会让人望而生畏 / 064
30. 虚心让你少走很多弯路 / 067
31. 不事张扬，才是最重的分量 / 069

生活再难，别忘腾只暖手给世界

32. 仁爱的心能看到更多的美好 / 071
33. 懂得去爱，才会被爱 / 073
34. 冷漠不是成熟，不要失去“微笑”的能力 / 075
35. 以关切的目光看到别人的存在 / 078

爱是女人一辈子的修行

36. 走得再远，也别忘记为何出发 / 080
37. 再美的旅途，也不如回家的那段路 / 082
38. 莫因琐碎的生活而忽略了朋友 / 084
39. 记住，不管遇到谁他都是对的人 / 086

真实的人性有无尽的可能

40. 廉价的虚荣是需要付出代价的 / 089
41. 只要还能思考，就不会被恐惧完全控制 / 091
42. 承认不完美，人生才圆满 / 093
43. 愿时光清浅，许你晴天 / 096
44. 不让负面的暗示阻挡自己 / 098

以小女人的姿态生活，以大女人的格调行事

45. 防备别人，有时会孤单自己 / 101
46. 以从容的心态面对一切 / 103
47. 暖己，却不伤人 / 105
48. 自省使人提炼出成长的智慧 / 108
49. 勇敢是灵魂最杰出的力量 / 110

你可以不懂世界，但一定要融入世界

50. 适当袒露弱点，更易被人理解 / 113
51. 用你喜欢别人对待你的方式去对待别人 / 115
52. 平等相待，才会让人敞开心扉 / 117
53. 关切，过犹不及 / 119
54. 真实，就会被对方感知 / 121

会交流的女人最有人格魅力

55. 柴静的说话之道：优雅和礼貌 / 124
56. 交谈有修养，效果最有效 / 127
57. “会听”的耳朵胜过“会说”的嘴巴 / 129
58. 委婉的措辞永远强过直接的批评 / 131

爱情不是女人的唯一糖果

59. 柴静论爱情：不苦求，不逃避 / 134
60. 即使没有爱情，也要活在明媚的春天里 / 136
61. 执著于爱情，而不执著于某个人 / 138

优雅柴静，内涵是她最好的化妆品

62. 追逐社会地位，不如雕琢生活品位 / 141
63. “贵妇人”——用一生去修持的完美境界 / 144
64. 腹有诗书气自华，美丽只因“秀外慧中” / 146
65. 空谷幽兰，幽默才是智慧的火花 / 148

选择好你一生的“生态环境”

66. 嫁人，别总想着嫁个有钱人 / 151
67. 美貌不是收获长久爱情的资本 / 153
68. 做一家人，需要两个人的相互关怀和扶持 / 156

有欲望叫喜欢，忍住欲望才是爱

69. 彻底地付出，全然地接受 / 159
70. 温柔相待，真情以对 / 162
71. 包容的心让你有“情人的眼” / 164

用心、真心、开心，生命之花才盛开

72. 忙碌是种生活状态，而不该是心灵的常态 / 167
73. 抓紧人生，才不会留下遗憾 / 169
74. 从琐碎的事情里抽出身来 / 172
75. 用心感受幸福 / 174

似锦繁华的夜，处处有寂寞的信徒

76. 学会享受孤独 / 177
77. 每个女人的心底，都应藏有一块自留地 / 179
78. 每天抽出点时间与自己单独相处 / 182

生命就该浪费在美好的事情上

79. 多用美好的事物填充时间 / 185
80. 生命只在一呼一吸间 / 187
81. 多做几件让自己心有所依的事儿 / 189

淡定柴静：进一寸有一寸的欢喜

82. 侧耳倾听，生活处处有美景 / 192

83. 不要让物质束缚了生活 / 194

84. 删繁就简，为幸福美好留空间 / 196

85. 学会放手，生活更容易 / 198

静下来，看见幸福

86. 安心，柴米油盐里也有你要的一切 / 200

87. 把目光放在你的选择之后 / 202

88. 守住初心，就不会被外界的复杂“攻击” / 205

人生要靠自己来成全

1. 围着自己转，世界才会围着你转

有一句西方谚语深得柴静的赞许：“一个人围着自己转，最后全世界都会围着他转；一个人围着全世界转，最后全世界都可能抛弃他。”现在，很多女人之所以在生活中无法掌控幸福，在工作上又难以获得成功，其根源恰是将太多的注意力放在了别人身上，丢失了自己的本色。

在柴静的新书《看见》的发布会上，有记者问她：“很多新闻记者在看您的主持，学习怎么提问，作为一个记者应该怎么学习采访呢？”

柴静坦言，自己最初也走了一条“弯路”，那就是笨拙地模仿。在刚进央视的一年里，柴静饱受批评，因此对自己原本特有的文艺气质感到怀疑。为了更快地步入正轨，柴静把陈大惠、法拉奇、拉里·金等著名记者的采访记录打印下来，塞在文件夹里默默研习。她说：“江湖上的小女生，以前那点儿华丽的水袖功夫，上阵杀敌时一概用不上，只能老老实实蹲马步，照猫画虎。”

那时，她认为：“人的创造都要从模仿开始，谁都过不了这一关。”所以，她把从别人那里学来的问题模式抄下来，做成模板，有相似的话题

就套进去用。所以，每次采访前，即使对受访者不太了解，柴静也会大概列一百个左右的问题，甚至更多。

后来，柴静才渐渐发现这种模仿的副作用，那就是在每次提问前，她的脑袋里已经有了“预设”，有了先入为主的“模板”，所以她的提问和结论，都会偏离客观观察，总想往那上面靠。这对追求客观的采访工作来说，实在是最大的障碍。

在漫长的磕碰与反思中，柴静终于渐渐发现了自己独有的视角和思路，开始摒弃那些刻意的模仿。柴静想起自己最珍贵的本性就是“静谧”，是从倾听中引导真相的“静谧的敏锐”。她其实不需要去模仿别人的套路，她自己就能摸索出一条别人无法涉足的林间蹊径。后来，经过对这种“柴式武功”的不断摸索与修炼，柴静在工作上越发得心应手。她甚至笑言，这些年自己主持就像张无忌打太极，已经可以跟随感觉，而不是脑海里的招式进行见招拆招了。

的确，每个女人都拥有一种专属于自己的工作态度与思路，拥有自己独有的审美观念和评价标准。柴静提醒女人：这样的独特不是建立在对别人的模仿上的。人生要靠自己来成全，不必仰望别人，自己亦是风景。然而，在匆忙的现实生活里，很多女人往往试图通过描摹别人的精彩来掩盖自身的晦暗。她们没注意到，她们为此不仅掩盖了生活的晦暗，还有自己最宝贵的东西，那就是清净本色。

很久以前，一个农场主以养猪为生。在农场主养的那些猪里，有一只小猪天生与众不同，它不像别的猪是粉红色的，而是鲜绿色的。虽然它觉得别的小猪的粉红色并没什么不好，但它还是更喜欢自己身上的颜色。然而猪群却并不像小绿猪那样“想得开”，它们觉得小绿猪是异类，于是它们处处欺负它、排挤它，甚至还常常以它为借口向农场主发脾气。农场主觉得这样下去不是办法，于是，在一个寂静的晚上，当猪群还在酣睡的时候，农场主偷偷抓住了小绿猪，强行把它泡在装满粉红色油漆的桶里。

小绿猪绝望地大喊：“上帝啊！救救我吧！不要把我变成粉红色！我

就是喜欢和别人有一点点不同！”可是，一切都太晚了。小绿猪被从头到尾浸泡成了粉红色，更让它伤心的是：这种油漆无法被洗掉，也无法被覆盖，它再也无法跟其他猪有所不同了。在同伴的嘲笑声中，“小绿猪”悻悻地回到自己的位置睡着了。

然而，故事到此并没有结束，下面才是这个故事最有趣也是最耐人寻味的部分：那天夜里，就在“小绿猪”还在梦里哭泣的时候，农场上空突然聚集了大量的乌云，一场大雨随之倾盆而下，将所有猪都淋湿了。而且这雨并不是普通的雨，雨水是鲜绿色的！于是，原本粉红色的猪群都变成了鲜绿色，除了我们一直渴望不一样的“小绿猪”，因为它身上的粉红色油漆无法被洗去也无法被覆盖。但是它却并没有因为自己没被雨水变回绿色而伤心，相反，它不住地感谢上帝救了它，因为现在的它，又和别人有一点点不同了。

“小绿猪”虽然只是作家笔下的一个“可爱也可怜”的文学形象，但其实，许多人都能从它身上，找到自己的影子。

所以，结合自己的经历和这个故事，柴静总结说：“把别人当成镜子，不管是模仿还是对立，都会将我们装扮成一个完全陌生的人。”就像那句俗语所言：“总拿别人做镜子，傻子会以为自己是天才，天才也许会把自己照成傻瓜。”

柴静说：“但愿我们都不是这样的傻瓜。”

2. 你只管精彩，结果老天自有安排

生活中有一些女人，她们虽然没有温室花朵娇艳的外表，但她们却是站立在山间临风摇曳的野菊花，迎着凉爽的秋风唱着属于自己的情歌。这样的女人知道人生要靠自己来成全，她们懂得用自己的双手规划自己的未来，用自己手中的笔描绘自己将要创造的山水。

在采访中有人问柴静：“你由原来的心灵类节目转到关注现实的《新闻调查》，自己感觉遇到的最大的挑战是什么？你是怎样迅速适应并干得如此出色的？”

柴静的回答是：“最大的挑战是面对人和世界的时候，自己的认识。我唯一能做的就是保持好奇、敏感、用功，不断地自我更新。”

柴静是一个聪明的女人，她知道爱情不是女人的依靠，如果好逸恶劳，把男人当成事业，那将会把幸福的遥控器塞到别人手里。只有自己不断努力，不断奋斗，才能主宰自己的人生。

她也是一个如柴静般智慧的女人，虽然已经年过四十，她却依旧保持着少女时的情愫，头发每天一洗，定期做面膜，严格控制体重，衣服精心搭配。在她办公室的抽屉里，放着花茶、绿茶、红茶、咖啡和饮料，午后，她会因情因景为自己泡一杯然后慢慢品味。用她的话说，“人要讲究生活品质，即使再老也不能凑合将就。”看到她的人都会眼前一亮，觉得她气质脱俗，令人心旷神怡。

办公室的小姐妹们也总是被她这种态度感染，依依便是其中的一位。

不久前，依依和男朋友分手了，茶不思饭不想，没精神上班，工作老出错，一次聚餐依依酒后吐了真言，原来依依的男朋友出身贫寒，长相也不佳，但却十分花心，仗着自己是公司的一把手，很轻易地俘获了大部分的公司女职员，每次依依都是隐忍，这次，终于是挨不过去了，所以决绝地提出分手。因为很爱，所以即使他品德败坏至极，分手后依依还是很伤心。

她看在眼里，便抽了一个时间找依依聊了聊："女人无论什么时候都不能放弃自己，都要有自己的精气神，老了，失恋了，离婚了，没升职，这都不是自暴自弃的理由，多大点事儿呀，没了男人要照样过得精彩。"

她的话，依依句句印在了心里，还跟着她一起报了个英语班开始学习，慢慢地依依不再精神恍惚，也不再想那个负心汉。

后来发生的事情谁也没有料到，就这样一个精彩的女人，老公也旁逸斜出了，她利落地离了婚。什么自暴自弃，什么没有男人照样过得精彩，她能做到吗？四十多了，还带着一个女儿，以后的日子可怎么过？看出别人怀疑的眼光和怜悯之情，她告诉大家："别为我发愁。经过这件事，我发现，真正的幸福，是自己给的。"

她是这么说的也是这么做的。离婚后，对前老公的种种出轨，她没在背后说过一个字，而是练练瑜伽，学学画画，妆容也更加精致。离婚后的她，一如既往地做她的精彩女人。

再后来，一位外国教授看上了她，对于她的女儿，老外也毫不介意。如今，她把女儿提前送到了美国去读书，她也正在办各种手续，而国外的准公婆，已经帮她申请好了大学，到了那里，她准备去攻读心理学的博士学位。

目睹了发生在她身上的事情后，有人说生活之所以给她开这么大一个玩笑，是因为她身边的那个男人和她已然不再般配，当然要给她换一个。

读了这篇文章，你是不是觉得她是一个幸运的人？但是仔细想想，又仅仅是幸运吗？

柴静说："关键不是别人能给什么，而是自己内心想要什么。""靠山山会崩，靠水水会枯"，永远不要找别人要安全感，没有人会是女人的

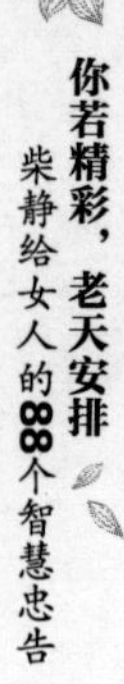

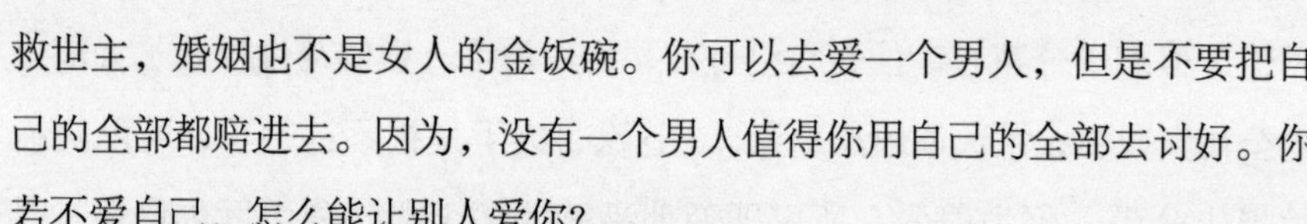

救世主，婚姻也不是女人的金饭碗。你可以去爱一个男人，但是不要把自己的全部都赔进去。因为，没有一个男人值得你用自己的全部去讨好。你若不爱自己，怎么能让别人爱你？

你只管负责精彩，结果老天自有安排。女人要懂得善待自己，成全自己，这样做不是为了要让某个人后悔，而是为了让自己的人生更精彩。

3. 做自己，更美丽

人生要靠自己来成全，女人要想生活得幸福，就要爱自己，学会按照自己喜欢的方式去生活。因为如果你一味地遵循别人的价值观，取悦别人，最后你会发现“众口难调”，每个人的喜好都不一样，失去自我，便会是自己人生中痛苦的根源。在这一点上，我们要像柴静学习。

1996年，柴静从长沙铁道学院毕业，她的父母本打算将她安排回山西老家做会计，但她执意不肯，而是留在湖南做了《夜色温柔》的主持人。那时的她每月只有300元的工资，一半还要用来交房租。柴静每天骑车上下班，自己洗衣做饭，日子过得很清苦。后来回忆这段往事时，柴静说她放弃安稳的会计而选择做主持，既不是为了赚钱，也不是为了出名，只是单纯喜欢这个职业能够给予她的那种“人与人之间的生命往来”。

这次“任性”在柴静的经历中并非唯一：她喜欢音乐和文字，就去应聘电台主持人；她喜欢北京的丰富与机遇，就只身去北京求学；她向往央视的深度与氛围，就接受陈虻邀请，入驻《东方时空》……柴静的每一次选择，都是听凭自己内心的旨意做出的。这也印证了柴静高中老师对她的评价：“这个女孩虽然不怎么讲话，但心里有自己的主意。”

人活在这个世上，并不是一定要压倒他人，也不是为了他人而活，一个人所追求的应当是自我价值的实现以及对自我的珍惜。一个人是否实现自我并不在于她比别人优秀多少，而在于她在精神上能否得到幸福的满足。

阿亚每天都在房前的空地上练习唱歌。有一天，老公听了，冷笑着说："你即使练破了嗓子，也不会有人为你喝彩，因为你的声音实在是太难听了。"

阿亚回答道："我知道，你所说的这番话，其他人也对我说过多次，但我不在乎，我是为自己而活着，不需要活在别人的认可里。我只知道在唱歌时我很快乐，所以无论你们怎么指责我的声音难听，都不会动摇我唱下去的决心。"

人没有脊梁将无法直立行走，一个人想要坚持自己的理想，就要不畏艰苦地付出，不受旁人的左右，快快乐乐地为自己活，潇潇洒洒地"自恋"，哪怕别人把自己当成"精神病患者"，也要做一个快乐的"美人症患者"。然而，在现实生活中，很多女性却常常为老公一句无意的嘲笑，或爱人一次无心的抱怨而闷闷不乐，甚至开始彻底地怀疑自己、否定自己。其实，这样的心态是不对的。虽然我们有必要听取别人对自己的评价，但也不能过分在乎，否则，烦恼的是你自己，痛苦的也必定是你自己。

范晓萱在一次访问时说："以前我很辛苦，因为我太在乎别人的感觉，太在乎其他人怎么看我，所以，我很多时间都要去想别人怎么看，我都想做得面面俱到，把自己弄得很辛苦。现在，我开始跟着感觉走，也能比较清楚地表达我的看法。我只是想活得轻松一些，不要那么辛苦。"

的确，一个人一生为别人的评论而活着是很累的，也很愚蠢。艾莉诺·罗斯福说："未经你的同意，没有人能使你感觉卑微。"古希腊谚语也说："除了自己，没有人能够侮辱我们。"

我们每个人都不可能孤立地生活在这个世界上，很多的知识和信息来自别人的教育和环境的影响，但你怎样接受、理解和加工、组合，是属于

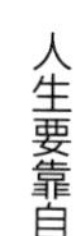

你个人的事情，这一切都要你自己去看待、去选择。谁是最高仲裁者？不是别人，正是你自己！歌德说："每个人都应该坚持走为自己开辟的道路，不被流言所吓倒，不受他人的观点所牵制。"让人人都对自己满意，这是不切实际、应当放弃的期望。

我们周围的世界是错综复杂的，我们所面对的人和事总是多方面、多角度、多层次的。我们每个人都生活在自己所感知的经验现实中，别人对你的看法大多有一定的原因和道理，但不可能完全反映你的本来面目和完整形象。别人对你的态度或许是多棱镜，甚至有可能是让你扭曲变形的哈哈镜，你怎么能让人人都满意呢？

如果你期望人人都对你感到满意，你必然会要求自己面面俱到。不论你怎么认真努力去适应他人，但都不能做到完美无缺，让人人都满意。这种不切合实际的期望，只会让你背上沉重的包袱，让你因此顾虑重重，活得太累。不管别人如何评论你，只要你自己觉得高兴、满足、自得其乐，你的生活就是幸福的。

4. 邻家女孩，也有倔强的坚持

有天深夜，柴静和好友范铭在网上讨论完工作后，随口闲聊。

范铭问她："谁知道我们在深夜里都干些什么啊？"

柴静想了想，答道："眼睛热了一下，为渺茫而认真的理想吧！"

为了这份"渺茫"的理想，柴静付出的绝不只是这些不眠的深夜，还有种种坚持与努力。有人这么评价柴静："往往在外界对柴静没有期待和要求时，她的表现反而格外耀眼。"

北京奥运会期间，中央电视台给她的任务是报道例行发布会，也没人吩咐她去拍运动员，但她却总想做点有意义的事，便用业余时间去采访了那些令人尊敬的“失败者”“第二名”，最后剪出的片子感动了许多观众。

还有一期的《看见》讲的是77岁的台湾老人把同乡骨灰带回故乡安葬的故事，她的一句“不曾长夜痛哭的人，不足以谈人生”让很多观众潸然泪下。但观众并不知道，当初由于该话题涉及两岸，有些敏感，因此在拍摄过程中编导们对能否播出全无把握，但柴静认为这件事有意义，便自费在当地请摄像协助拍摄，她的想法是：既然有意义，那就先做出来再说。

对此，柴静在主持《新闻调查》时的同事郝俊英评价说：“她身上有股知其不可为而为之的劲头。她是迄今为止我见过的意志力最强的人。一般人被困于城中，往往试着爬两下城墙，被上面扔下来的石头砸疼了就放弃了，但柴静不是，她看到一条路堵死，不会绝望，而是会继续四处摸索，往往能找到别人没留心的隐秘出口。”

柴静这么坚持，是因为她知道自己心里燃烧着关于真相和理想的熊熊火焰，哪怕路过的人们只看到些许青烟，她也不会因此轻言放弃。

在这个时代，“理想”这个词似乎略显“奢侈”。但不可否认的是，我们谁不曾热烈而赤诚地拥抱过它呢？我们只是在日复一日的劳碌中渐渐失去了追随它的勇气罢了。著名音乐人高晓松在《关于理想的课堂作文》里写道：“是谁第一个打破了沉默，是谁第一声唱出老歌。是谁又提起从前的约定，那关于理想的课堂作文。年少的作文虽然不能成真，你我都愿意再笑着重温。”是啊，对于梦想，我们似乎只剩下了“重温”，只是，不是像柴静和高晓松那样笑着而已。

但即使是哭着重温，梦想也绝不会只给人带来哀怨和慨叹，因为梦想的同义词，叫做力量！虽然孩提时列举的“心愿单”大部分都被生活的钢笔一条条划去，但总会有一些一直被保留在我们心底，即使到老，也不会被轻易抹去。每个人心里都有一团梦想的火焰，虽然路过的人们，只能看

到一阵烟，但这不是我们停止燃烧、停止相信的理由。眼前的现实虽然残酷，但心里的梦想也许并没有我们想象的那么不堪一击。

但愿每个女人，都有柴静一样的勇气去追寻自己心中的声音，在工作中，在生活里，将自己内心最认同的事，一一做好。要知道，上帝从不会亏待有心人，更不会埋没闪亮的东西。所以，即使全世界都认为你的想法只是一阵可有可无的青烟，你都要认真地去对待自己心里燃烧的那团火焰。

5. 努力就会有实现自己价值的机会

很多女人羡慕柴静的知性魅力，却不知道，这样的魅力并非天生，而是她自己一天天、一点点积累起来的。在《看见》一书里，柴静就这样写道：在这个时代，女人早已不需要依附于男人，不需要谄媚与矫饰。时代给了我们一个机会，一个只要努力就能实现自己价值的机会。

1998年，柴静开始主持湖南卫视的谈话类节目：《新青年》。由于之前在长沙主持《夜色温柔》节目时积累了大批观众，加上其新锐先锋的主持风格，很快，她就在电视上闯出了一片天地。时至今日，《新青年》依然是许多湖南观众心中的亲切回忆。在《新青年》的四年时间里，柴静从对电视新闻一窍不通到最后拥有丰富的工作经验，甚至独当一面，这也为她将来进军央视打下了基础。

柴静在《用我一辈子去忘记》中写道：“进入一个陌生城市的女人，遇到的，不过是男人们用狎昵的口气说：‘你挺漂亮的，不愁出路。’这让人有微微的厌恶与悲哀。”柴静不希望自己被人这样评价，更不希望自己仅仅因为外貌而受人青睐。人生要靠自己来成全，她想走一条完全不同的成长之路。

柴静面容清秀，算不上多么出众。但自主自强的女人，即便没有姣好的面庞、妖娆的身段，也别有一番韵味。谁说精明能干的“白骨精”没人追，不过是有的男人自惭形秽从而望而却步罢了，其实在他们心里也不否认，那些自信、有魄力、积极进取、独当一面的女人，从骨子里也透出一份强大的魅力。

人生要靠自己来成全，而能力就是女人最极致的性感。她们充满朝气、充满活力，从身旁走过像阵风，工作起来亦伶俐果断，聪敏过人。这些女人纵然容貌并不是国色天香，但其精神焕发、光彩照人，能从内心深处焕发出来一种感染人的力量。也只有这样的女人才真正活出了女性的风采，活出自己精彩的人生。

工作中的女人是美丽的，有能力的女人是性感的。当然，这种能力并非只是某方面的专业技能，也包括待人接物、处理问题、调整心情的能力，等等。和柴静类似，央视另一位女主持人沈星也通过自己的能力证明了，人生要靠自己来成全。

年轻的沈星接任《综艺大观》主持时，别人都觉得她压力很大。毕竟，倪萍的雅俗共赏，成方圆的洒脱大气，周涛的亲切随和已经树立了太高的标杆，看似已不可逾越。但沈星却并不紧张，她有她的风格，那就是轻松、快乐。她很快就融入制作团体，经过充分的准备，她终于得到了观众的认可。

和柴静一样，沈星也是一个心底安静、行事从容的女人。这样的女人有一个共同点，那就是希望自己来把握生活的节奏——想让它快一点就快一点，想让它慢一点就慢一点。同时，沈星还属于那种心里常常会有满足感的女人：保持自己的健康、美丽，和朋友相处融洽，为妈妈买件衣服，和爱人说甜言蜜语，都可以使她处在愉悦的状态中。她的工作和生活是截然分开的。闲下来，她常常阅读，每天都可以读两个小时以上。自己也会

写写东西，常常写采访日记，记录心情，休假的时候是不会再想单位的事情，一点压力都没有。她的生活比较舒服，也就是人们常说的张弛有度。

她成熟、理性，每时每刻都知道自己想干什么，这一点对于一个女人来讲很难得。正如她所说：“对什么事情都有一个明确的态度，什么样的事情让我感到快乐，自己在哪个阶段要什么。做人不要患得患失，什么都搞不清楚、傻人傻福的人也好，容易得到快乐。”

她不喜欢勉强自己，尽量做到尊重自己内心的感受，不想做的绝不敷衍，在这个基础上，服从自己的选择。正是这份心态支持她获得了成功，她的恬淡、优雅，怎不教人欣赏？

柴静和沈星这样的“女强人”，不仅美在对工作的专注，也美在对自己生活的良好照顾。这样的“女强人”胸襟宽广，经常为别人着想，从对方的角度出发，体谅别人，当然，她们也能因此获得别人的理解、支持和尊敬。

从不假思索的蒙昧里挣脱，这才是活着

6. 不要挑战“三心二意”的生活

一望无际的非洲草原，一群羚羊在那儿欢快地觅食，悠闲地散步。突然，一只非洲豹向羊群扑去，羚羊受到惊吓，开始拼命地四处逃散，非洲豹的眼睛死死盯着一只未成年的羚羊，穷追不舍。

羚羊拼命地逃，非洲豹使劲地追，非洲豹超过了一只又一只站在旁边惊恐观望的羚羊，它只是一个劲儿地向那只未成年的羚羊亡命似的追，而对身边的其他羚羊却像没有看见似的，一次次地放过了它们。

终于，那只未成年的羚羊被凶悍的非洲豹扑倒了，挣扎着倒在了血泊中。

非洲豹为什么放弃身边一只又一只的羚羊，却死死盯着那只未成年的羚羊呢？

原来豹子已经跑累了，而其他的羚羊并没有跑累，如果在追赶的过程中因其他的羚羊而改变目标，其他的羚羊一旦起跑，转瞬之间就会把疲惫不堪的豹子甩在身后，因此豹子始终不丢开那只未成年的羚羊，最终让它成了口中的食物。

这就是专一，专注。无论做什么事，都必须投入你的专注力。“做一样，像一样”是柴静最希望自己能达到的境界。而在此之前，她认为自己先要做到“一次只吃一种美食”的专一。作家野夫就曾用“人好”和“认真”两个词来概括他眼中的柴静。“人好”自不必说，女人多有善良的本性，但认真、专注却不是每个女人都能拥有的珍贵特质。

在做主持人期间，柴静一心扑在工作上，走南闯北，采东访西，感情一直处在空窗期；而在和摄影师赵嘉结婚后，她就渐渐淡出屏幕，安心回家生儿育女。柴静绝不同时负担两件重要的人生大事，因为她知道，每次只品尝一份美食，才是幸福的真谛。

可惜的是，现实中的大部分女人都不懂得专注一心的道理，尤其是那些有点小聪明，比别人条件更好的女人。柴静在采访中发现：越是聪明的、成功的女性，越是喜欢挑战“三心二意”的生活方式，仿佛只有一次解决很多事情，才能证明自己的能力。其实，真正聪明的优秀女人，都是那些安心于手头工作，一次完美解决一件事情的人。

一位诺贝尔奖获得者曾做过一项有趣的研究：他选取了多名事业有成、家庭美满的女性，让她们随时记录每天发生的每一件事后自己的心情，如工作后、与朋友聚会后、与爱人相处后、照顾孩子后，等等。结果颇令人吃惊，很多成功女性和孩子们相处之后的情绪并不像我们预想的那样幸福和满足，相反，她们普遍会觉得有点焦虑。

当然，这并不表示成功女性就不爱自己的孩子，孩子是每个母亲生活中最重要的组成部分。可是，她们与孩子们相处时的幸福感却比普通女性要低。这是为什么呢？原来，当她们跟孩子在一起时，她们并没有真正地“和孩子在一起”——她们在给爱人打电话、给朋友发邮件、给自己安排下周的节目……她们的心思被太多的事物占据了，以至于最后居然无法享受到一点美好，反而被隐隐的焦虑所困扰。

用哈佛最受欢迎的幸福课老师本·沙哈尔的话来说就是：“你不能同时负担太多美好的东西。”这就像你不能同时欣赏《卡农》和《致爱丽丝》一样，虽然它们都是最优美的曲子，但合在一起时，它们只会把彼此变成噪声。

其实，将事情杂糅在一起并不是“成功女人”的专利，我们不也习惯着将电视、电脑和书本同时打开，让眼睛在多个地方不断跳跃么？同时我们的手和嘴也不闲着——手机和零食不会距离我们超过半米。也许很多人并不觉得这样有什么不好，这种生活可能正是她们向往的“小幸福”。但当网友写出了一篇又一篇精彩的影评，自己却只记得几个主演的名字；当同事做出了一个又一个精致的幻灯片，自己却还在为明天的提案抓耳挠腮；当朋友在聚会时旁征博引，谈笑风生，自己却只能张口结舌，尴尬地附和着笑笑……你还会觉得惬意吗？

柴静提醒女人：其实，我们并不需要多大的牺牲与舍弃，我们需要的只是将手里所有的时光，献给心底唯一的念想：全心地玩，全心地爱，全心地奋斗，全心地享受。就像奥黛丽·赫本，同一时间，永远只专注于一件事：“她在试衣时，她就专心试衣；一旦阅读时，她便专心阅读。如果在整理发型时，她也不会像其他的人，一边弄头发，一边抽烟吃三明治。她对于手边的事情一定是专心一致。”

柴静说，也许只有一心一意地经历了最甜蜜的欢笑和最苦涩的泪水后，我们才会明白：生活就是摆在你面前的各种美食，但只有一次一口，安心咀嚼的女人，才能尝出持久的、幸福的味道。

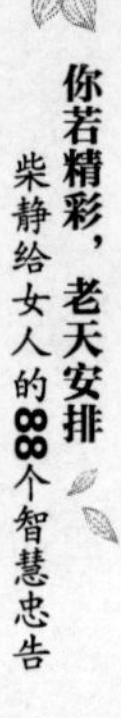

7. 选择好一条路，就安心地走下去

刚进央视时，柴静还是个略有点“飘”的“文艺小资”。2003年非典时期，她有次要采访一位护士。打开门，柴静跟摄像招了一下手，微笑了一下就走了进去。在一旁的编导叶山看到了这个画面，他这么形容说：“那时柴静的微笑很小资，‘闪进去’的动作像一片树叶，很飘。”

若干年后，当我们再看见柴静时，她已经换了一副更加踏实的模样：牛仔裤、深蓝针织衫、素颜，脖子上是标志性的围巾。回答记者提问时，她目光直视对方，音量虽小，但却有种“掌控全局的强大气场”。用与她合作过的《新青年》的制片人杨晖的评价来说，就是：“柴静让人觉得很舒服，但同时又能形成一种隐隐的压迫感。”

杨晖认为，柴静的这种气场有两个来源，一是眼神中的“干净笃定”，二是语言中的“有思考有逻辑”。两者相加，让倾听者不由得对她说出的话多了几分重视。

其实，不论是目光中的干净笃定，还是语言中的逻辑清晰，都来自柴静的同一个特点，那就是一心一意地探寻成长的极限。用柴静的好友范铭的话来说就是：“世俗标准的成名并不是柴静的目的，她所感兴趣的只是如何接近自身的极限。她不跟别人竞争，但跟自己较劲。她从不懈怠，并非来自于外界的‘期待’或‘要求’，她只为自己内心的标准一日一拱卒。”

的确，柴静是一个踏实而笃定的的女人，她听凭内心的意愿，选择好一条路，就安心地走下去，直到达至内心所能感知的极限。在这个过程中，她不会左顾右盼、四处张望，因为她知道：在完全的光明里，我们反而什么都看不见。有时候，选择多了，反而会扰乱心绪，让原本平静的心仿佛被许多石子击中，荡起无数波浪，让我们看不清心底真实的图景。

再来看个柴静在节目和博客中都曾提及的故事吧。150多年前，英国北部约克郡的一个小村子里，住着这样一家人：父亲帕特里克毕业于剑桥，学识渊博，但作为一个乡村教堂的牧师，收入微薄；母亲很年轻时就去世了，留下了三个女儿和一个儿子。这个唯一的儿子，名叫勃兰威尔。

作为四个孩子中唯一的男子汉，勃兰威尔从小就受到父亲和三个姐姐的宠爱。而且，他也被认为是一家人中的天才，从小就显示出不凡的艺术才能。一开始，勃兰威尔和他的三个姐姐一样，都喜欢文学，尤其是诗歌，于是父亲便把教育的重点放在了他的身上。起初，凭借着优异的天资，勃兰威尔进步很快，一些即兴的创作还颇具特色。但随着学习的深入，已有的辞藻已经被他用遍了，他又不愿像三个姐姐一样花工夫去读报看书，积累素材，很快，他就因为无法进步而开始厌恶文学。

后来，勃兰威尔对美术、绘画产生了浓厚的兴趣。他们一家人便节衣缩食，省下钱来送他到伦敦皇家美术学院去学习。结果，几星期后，勃兰威尔就悻悻地回家来了——他实在学不下去。几番折腾后，觉得诸事不顺的勃兰威尔一蹶不振：酗酒，哭闹，甚至吸鸦片，这让他走向了万劫不复的深渊。终于，长期酗酒和吸毒终于彻底摧毁了这个曾经才华横溢的年轻人，他在31岁时因一次酗酒过度而英年早逝。

出人意料的是，反倒是他的三个姐姐，在辛苦供养弟弟的工作之余，从未泯灭对文学的热爱。她们经常利用晚上的一点闲暇时光，秉烛夜书。最后，她们都在文学史上留下了星光熠熠的一笔。

这三个为勃兰威尔奉献了将近一生的姐姐，就是安妮·勃朗特、埃米丽·勃朗特和夏洛蒂·勃朗特。

安妮的作品叫《艾格尼斯·格雷》。

埃米丽的作品叫《呼啸山庄》。

夏洛蒂的作品叫《简·爱》。

这就是文学史上著名的“勃朗特三姐妹”。

在这个奇特的家庭里，勃朗特三姐妹一直是以勃兰威尔的“附属品”的姿态出现的，而且她们的一生几乎与疾病和贫穷为伍，但这并不影响她们在艰苦的日子获得属于自己的快乐和满足——离群索居的三姐妹最大的爱好便是读书、写诗和杜撰传奇故事。

勃朗特三姐妹的一生是悲惨的，幼时受到疾病和贫穷的折磨，大了之后还要忍受勃兰威尔的压榨。但同时，她们也是幸运的，因为正是这样的困苦和身不由己，使得她们的内心没有多余的涟漪，她们每时每刻都能看得见心底那件自己最为珍视的东西——文学。也许，这就是历史之所以只记住了勃朗特三姐妹，而不是她们的“天才”弟弟勃兰威尔的原因。

所以，柴静告诉我们：不论我们的天分如何，拥有多少选择，也不论我们的生存环境如何，是否身不由己，对我们的一生来说，最重要的始终都是：当你面对自己的内心时，你是否能瞬间安静下来，以最快的速度、最坚定的意志，听清，并坚定地追寻心底的那个声音！只有这样，你才有机会改变命运，才有能力主动拥抱幸福。

8. 最有耐心的人才会不断踏出人生新高度

2012年深秋的一个周末，柴静和果壳网创始人姬十三在喝下午茶时，争论起了美国电影《永无止境》。电影里有一种神奇的药丸可以让人几乎无所不能。对此，姬十三认为最好能真的研制出这种药，这样人类将受益匪浅。柴静则坚决反对，她说：“这违背了人类的生存规律，人需要克制自己的欲望。”这就是内敛而自持的柴静，一直对一劳永逸、一步到位的想法抱有深深的戒备之心。

其实，柴静的起点比较高，年纪轻轻就拥有了不小的知名度，这似乎已经算是“一步到位”的人生了，但柴静却固执地认为，这不过是一个“小小的山丘”，如果不能主动离开，去寻找更高的目标，那也许时过境迁，这个小山丘就会成为未来的陷阱，让自己深陷其中，想自救都来不及。在她看来，真正值得尝试的高山，不经过漫长的攀爬，是不可能登顶的。

就像罗曼·罗兰所说的那样：“一辈子如果干了许多可有可无的事，不能专注一件事，对于生命而言，那只不过是在原地转圈而已。”柴静同意他的看法，所以柴静坚持“一生只要干好一件事，这一辈子就没有白过。与其花许多时间和精力去凿许多浅井，不如花同样的时间和精力去凿一口深井。”

也许有人会问：每个女人的一生都难免会换几次工作，究竟怎样才能判断哪口井值得深挖，哪座山值得长攀呢？为什么电台主持人就不是柴静心中的“高山”呢？这个问题，各人有各人的标准，各人有各人的答案。有的女人幸运，只尝试一两次就能找到最合适的，有的女人倒霉，兜兜转转也发现不了属于自己的天地。

但柴静建议女人：不要把注意力放在选择的过程中，而是放在选择之后。即使你面前的只是一座小丘，但在你还没有看清它的全貌之前，你要做的只是耐心攀爬，因为在此时的你面前，它就是一座高山。能把高山变成矮丘，不断踏出人生新高度的，永远都是同一种人，那就是最有耐心的人。柴静做电台主持人做了3年，她已经充分尝试了其中的一切美好与酸涩，并成为了在长沙小有名气的人物。有了这些基础，她才有资格说：这只是一座矮丘。

小高大学毕业后，被分配到一家电影制片厂担任助理影片剪辑。这本来是一个人在影视界寻求发展的起点，但在10个月后，她却离开了这个岗位。她认为自己这样做的理由很充分：堂堂一个大学毕业生，受过多年的

高等教育，却在干连一个小学毕业生都能干的事情，把宝贵时间耗费在贴标签、编号、跑腿、保持影片整洁等琐事上面。这让她感到委屈。她有一种上当受骗的感觉，更有一种对不起自己的感觉。

几年后，当小高看到电视上打出的演职员表名单时，发现以前的同事有的现在已经成为羽翼丰满的导演，有的已经成为制作人。此时，她的心中颇有点不是滋味。小高原来并未看到平凡岗位也具有不平凡的意义，所以她的辞职行为，是关闭了自己在影视界闯出一番事业的大门。我们不妨做个假设，如果她当时对自己在影视界的远景能进行一次清醒的前瞻，制定一个明确的目标，那么最初当影片剪辑和打杂的那段时间，至多只能算是预先付出的一点小小的代价而已。

小高和柴静的不同就在于，同样心怀远大，但走路的方式，却相差甚远。一个脚步轻浮，一个沉稳笃定，结果自然也有天壤之别。现实中，怀揣远大理想的女人俯拾皆是，但拥有务实心态的却少之又少。“心急吃不了热豆腐”的道理谁都听过，但真正记在心里的，能有几个呢？人很容易把自己看得很高，因而也容易好高骛远，贪多求大，总想在事业起步时就能站在高起点上。年轻女人，特别是拥有高学历的年轻女人，很少有从基层干起的想法和打算。由于对未来的期望值过高，要求太多，所以更容易遭到别人的拒绝和排斥，从而丧失了很多宝贵的成长机会。

你对世界简单，世界就对你简单

9. 纠结的心态带来的是逼仄的道路

现实生活对于我们每个人本来都是一样的，但一经各人“心态”诠释后，便代表了不同的意义，因而形成了不同的事实。心态改变，事实就会改变；心里有什么，世界就是什么。心里装着哀愁，眼里看到的就全是黑暗；心中有阳光，就能驱散黑暗。

柴静在《夜色温柔》里曾讲过这么一个温暖的小故事：冬夜寒风刺骨，年轻的夫妻俩因为拖欠房租太久，被房东赶了出来。丈夫在大街上吻着妻子的手内疚地说对不起，妻子指着星空笑着说：“这么高的房顶，那么多的星星，都是我们的，和你在一起我真的很快乐。”就这样，他们两人在街心公园的长椅上度过了既寒冷又温暖的一夜。

柴静认为：妻子“善意的谎言”也许并不仅仅是对丈夫的一种宽慰，也许她表述的正是我们在生活中渐渐忽略的一个重要事实。我们不妨静下心来想想，当我们被城市里的紧张忙碌裹挟着匆匆前行的时候，是不是经常忽略了身边的他呢？只有当那些紧张和忙碌突然随着某个事故崩塌，使得我们从工作、业绩、应酬里抽身出来，才会重新发现身边那个

人眼角的微笑和泪水，才会重新发现自己身处在怎样的星空下，怎样的世界里。

正如柴静信奉的凯恩斯的那句名言："生命是这样短暂，即使身在陋巷，我们也应享受每一刻美好的时光。"号称"央视最穷主持人"的柴静，在北京租着一间不大的房子，家里陈设也颇为简单，但这并不妨碍她在闲暇之余享受听歌、写信、撰文的美好时光。她认为：在人生的旅途中磕磕碰碰、踽踽独行，没什么好抱怨的。甚至不幸跌倒了，也可以趁机停下脚步，找个舒适的姿势，赏赏低处的风景，看看不一样的人生。

可惜的是，大部分女人并不会主动地想起这个道理。当遇到挫折和打击时，她们宁愿把时间和精力花在一些不切实际的幻想上：幻想自己出生在国外多好，幻想自己长得漂亮一点、身材再高一些，幻想当初报了另一所大学，幻想他不出现在错误的时间，等等。如果这些设想都能够成立，那么事情就不会是现在这个样子了——至少她们认为如此。遗憾的是，青春是一次单程旅行，所有走过的、经历过的都只能成为不可更改的事实。所有欢欣的回忆和悲伤的过往，无论你愿不愿意接受，都会成为生活的真相，成为不可更改的历史。

我们能做的，就是告诉自己：学会释然，学会变换着角度去看待它们。有位哲人曾说过："我们的痛苦不是问题本身带来的，而是我们对这些问题的看法产生的。"要解决一切问题是一个美丽的梦想，但任何一个问题都是可以解决的。每个问题都有一把钥匙，虽然这把钥匙总是在不停地变幻着形状，总是在与那些处在痛苦中的人玩游戏，但只要我们多点耐心，多点灵活和睿智，总能解开一个又一个难题。用柴静的话说就是：人生，本来就是一段不断从失误和挫败里汲取成长养料的旅程。

柴静在工作上是个较真的人，在生活里，却十分豁达。因为她明白：纠结的心态带来的是逼仄的道路，豁达的心情带来的才是通达的人生。如果一个人对生活抱一种达观的态度，就不会稍有不如意便自怨自艾。所以，如果你想改变你的世界，改变你的人生，改变你的生活，首先就应改变你自己。当生活让你哭泣的时候，你一定要努力微笑，充满希望地傲对不幸。

10. 纯粹的快乐由思想和态度产生

张爱玲曾说，生命是一袭华美的袍，上面爬满了虱子。真正懂得生活的人不会在意袍上的虱子，她会去享受袍的华美，让生命自然地绽放，从而忘却瘙痒。生命其实已经给了我们很多东西，没有耀眼的光环与地位，你至少可以有充足的时间徜徉在家的温暖里；没有锦衣玉食，粗茶淡饭却会给你带来真正的健康；没有高级的轿车，你还可以用双脚感受大地的柔软。惜福的人才有福，生命给了什么就享受什么，拥有如此心怀的人才会幸福快乐。

用柴静推崇备至的钱钟书先生在《论快乐》里的论述可能更加贴近我们的生活："洗一个澡，看一朵花，吃一顿饭，假使你觉得快活，并非全因为洗澡的干净，花开的好，或者菜合你的口味，主要是你心上没有挂念，轻松的灵魂可以专注地来欣赏，来审定。要是你精神不痛快，像离别的筵席，随它怎样烹调得好，吃起来只是泥土的滋味。快乐纯粹是内在的，它不是由于客体，而是由于人们的思想观念和态度而产生的。"

的确，虽然女人的一生不可避免地如大部分人一样：上学、放学；上班、下班；中考、高考、工作；生、老、病、死……但这并不表示她们就必须让自己的灵魂和感知力也同样按部就班，昏昏沉沉。虽然女人都要经历推石上山，看它滚落，再推它上山的漫长与枯燥，但别忘了，她们的生命里依然点缀着点点滴滴的、纯粹的快乐。这种纯粹的快乐，也正如钱先

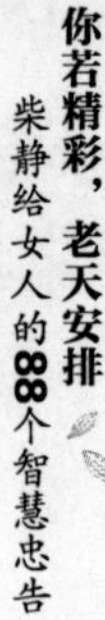

生所说：是由我们自己的思想和态度产生的。

对此，长期辗转漂泊的柴静深有体会。《今日女报》的记者采访她时问她对故乡、长沙和北京的不同感受。柴静说，这三个地方都给了她烦恼，也都给了她快乐。

对于故乡，柴静说那是“荒芜的北方大地”，给了她悲悯苍生的宏大与壮阔；

对于长沙，柴静说那是“充满烟火气的市井生活的城市”，把她这么一个长期处在孤独的寒冷里的人，给“慢慢焐热了”；

对于北京，柴静说那是一个“思想上日新月异的跳跃几乎令人痛苦”的城市，它的庞大与进步让她能在这里体验角色的自由变化：上午还穿着高雅地在访问各界名流，晚上就可以和居委会大妈商量灭蟑行动，十分有趣。

在说出这些有趣的评价时，记者发现，柴静一直是笑着的，有种“知足的幸福”。

其实，柴静就像忙碌的西西弗斯，虽然一直面临着动荡与奔波，但偶然在山路上遇见的那朵花，其实一直藏在她心里最柔软的角落……只等时机成熟，花开正艳，就在劳累的生活中顺手采下这一枝温暖的喜悦，所以她才能在生活过的每个城市，都发现让自己快乐和满足的东西。

虽然日复一日地推着那块永远无法停在山顶的巨石是徒劳的，但我们因此而走过的山路，采过的鲜花，吻过的美丽，却绝非徒劳！正如黎巴嫩诗人纪伯伦所言：“我们活着就是为了发现美好的事物，而其他的一切，不过是等待这个结果的种种形式。”

不过，柴静在采访经历中发现：似乎大部分女人并不像自己那样在乎什么山路、鲜花和美丽，她们更在乎的是谁的工资涨了，谁的车子换了，谁的房子大了……当然，这种在乎好像并没有给她们带来快乐。正相反，这些东西让她们的心打上了死结，更无暇指挥眼睛去发现、觉察生活中的美好了。更有甚者，自己纠结还不够，还得对周围的人“横挑鼻子竖挑眼”，于是，就有了与亲人之间无休止的争吵。

俗话说：“世上本无事，庸人自扰之。”但愿我们都能像柴静一样，将这些“本无”的烦恼事果断地从心房里打扫出去，顺便敞开心扉，静迎这个世界的温暖和美丽做客，当然，也包括我们的亲人和朋友，爱人和同学……让他们装满你的内心，温暖你的灵魂。然后，和他们一起，去听听树上鸟儿的欢鸣，嗅嗅院子里的花香，你会发现：原来，一切都还是那样的富有生机。原来，只要自己愿意倾听，这个世界就一直会温柔地唱下去！

如果你朋友不多，家人也从小不和，没关系，这个世界为我们准备的美丽，远不止此。任何时候，当我们感到悲伤，甚至是不幸时，都可以试着去寻找一朵能给自己带来快乐的野花。它可以是一份美食，一个游戏，也可以是一次年假旅行，一段午后徜徉……它更可以是一次没有理由的驻足，凝望……

11. 你对世界简单，世界就对你简单

柴静给我们的是一种恬淡而宁静的感觉，即使是当她功成名就、家喻户晓时，她依旧安安静静，从从容容。简单而安静的柴静让我们发现：你对世界简单，世界就对你简单。

大文豪托尔斯泰在《追求幸福的伊利亚斯》中讲到这样一个故事：

伊利亚斯夫妇出身贫寒，他们立志要追求幸福，因此胼手胝足，努力营生，后来拥有了大量的财富。然而好景不长，由于种种原因家道衰落。富甲天下的伊利亚斯夫妇很快就没落了。到了老年，他们一贫如洗，只得

去帮佣。好在他们能乐天知命，在雇主家里，反而过着安定幸福的生活。他们曾说过：“当我们富有时，有许多事让我们操心，所以没有时间交谈，没有时间想到灵魂，向上苍祷告。我们忙碌又忙心，也常因浮躁而吵架。现在，我们清晨起来，会彼此说几句恩爱的话。生活平静不争吵。我们只需要服侍主人，尽心为主人工作。我们工作回来，有晚餐可吃，有乳酒可喝，天冷有燃料可烧。我们有时间闲谈，有时间思考灵魂，也有时间祷告。50年来我们追求幸福，直到现在才找到。”

世间很多女子都在苦苦追求幸福，其实女人需要的真正的幸福可能并没有自己想象的那么难，它甚至和梦想、圆满、成功这些宏大的词汇无关，它可能只是一种简单宁静的心态。西方有位哲人说过，当你用一种新的视野观看生活、对待生活时，你就会发现许多简单的东西才最美丽，而许多美的东西正是那些最简单的事物。不管是大明星，还是小老百姓，只有安心品尝自己的生活，不管咸淡，不论苦甜，始终甘之如饴，就能从自己的境遇里尝出幸福的味道。

在长沙做《夜色温柔》的三年，柴静工资不高，生活条件也一般，但她却总能在苦涩和平淡中发现生活的美好。节目晚上十点半开始，她下午两点去，然后一个人静静地整理信件，搜索音乐，累了就看看下午的阳光和窗外的榆树。那份恬静恰好契合她的名字，她的心境。所以她才动情地写道：“窗口正对着老榆树，倦了便望望它，春绿冬白，永远永远。”

与柴静相对的是，有的女强人天天吃喝应酬，却兴味索然。这些女人活得很累，也缺乏适当的轻松感和幽默感，她们像在身上穿着一件厚重的铠甲，既不能活动自如，又不能果断摆脱，只好于重负之下步履蹒跚。

当我们穿行在陌生城市里的熟悉街道，当我们出入于高楼大厦里的小小格子间，当我们在每个清晨的车水马龙里昏昏沉沉，当我们在每个夜晚的灯火辉煌里疲惫不堪……也许，我们早在匆忙中遗失了心底的那份恬淡与简单。

著名作家刘心武曾说过：“在五光十色的现代世界中，应该记住这样古老的真理：活得简单才能活得自由。”

简单是一种美，是一种朴实且散发着灵魂香味的美。简单不是粗陋，不是做作，而是一种真正的大彻大悟之后的升华。正如柴静用自己的静谧与淡雅告诉我们的那样：生活没有那么严肃，女人的心灵也具备幸福所需的一切要素。唯一的问题是，你打算何时停下脚步，回头细尝这份专属于你的幸福温度？

12. 不以内心的标尺衡量事物

在生活里，很多女人都有数不尽的“准则”，或说“规矩”，其中有些是好的，但多数是矫情或愚昧。这些愚昧或来自不知不觉间养成的习惯，或来自轻信别人的言辞，总之，都不是自己深思熟虑的结果。

以前的柴静总想在节目中表达些什么，所以在素材不多，或是采访过程比较磕绊的情况下，她就十分苦恼，甚至偶尔还会下意识地“为赋新词强说愁”，这也招来了不少批评。

2008年汶川地震，柴静被派往前线。偶然间，柴静遇到了一家人，柴静敏锐地察觉到他们身上有故事，便打算跟他们回家去做一次跟踪采访。但由于他们住在山里，没有通信信号，做不了直播，所以主编在电话里问她：“你想要做什么？”柴静第一次放弃了先入为主的概念，坦白道：“我不知道。”

在山里的那几天，柴静有什么拍什么，没有就不拍，没有一点刻意的编排和设计。所以，最后拿回央视的素材并没有多少连续的情节，只有每天的日常琐碎。但这期名为《杨柳坪七日》的节目播出后，观众却大受感

动，他们写信给柴静说自己看一遍哭一遍，因为节目里柴静相对从前更平实的叙述和更人文的关怀着实打动人心。

柴静自己也说：“从这期节目，我开始转变。以前会害怕发生什么，但现在却很踏实这种‘不知道’的状态，不知道就是不知道，这是一种对生活的敬畏。那年，我三十二岁，经历过亲人去世，了解死亡，知道人都是怎么活过来的。经验告诉我，生活就像水，自己会长出来。你能做的是没有任何预设地放下，看着水流迎岸拍上。”

相对男人，女人更容易受到脑袋里的种种“预设”的影响，所以当现实和预期产生偏差时，她们的纠结和痛苦也更多。柴静提醒女人：如果我们不能守护好原本灵动的内心，被这些外来的俗见所累，整日抱着那些死板的标准，哪能在人间，活得自在安稳呢?

柴静讲述过这样一个故事：有个叫心无的小和尚，他一见自己房间脏了、乱了便动手擦拭、整理，后来发展到看见别人的禅房乱了也感到难受，定要帮人家收拾整洁才行。一天，他实在忍受不了这样的烦恼，便跑去向师父诉苦：“师父，那些东西收拾好了又乱了，总也摆不好。”

师父问：“什么东西乱了？”

心无说：“很多东西。它们总是被他们放在不该放的位置。你看，我才把盆放好，现在它又被放到了桌上；还有那书，也不在我原来放的位置上了。”

师父笑了笑，指着禅房里的一张桌子说：“我觉得这张禅桌放得不是地方，你觉得我把它拉出来一点怎么样？”

“不好不好。”心无连连摇头，“如果移出来的话，房间就显得很窄了，不好。”

“那我把它放到禅房西面的角落里呢？”

“那样也不行！这破坏了禅房的布局，看着多不协调呀！”

“那干脆放到其他房间里好了。”

“那这个房间不就空荡荡了吗？而且其他房间多了一张禅桌，也不好。”

师父听了心无的这些回答，大笑道：“心无啊心无，知道师父为何给你取名叫‘心无’吗？就是希望你心无丝毫挂碍啊！房间里的东西从来没有乱，只是它们不在你‘整齐’的标准里，所以无论它们被摆在哪儿，对你来说都是乱的！”

行脚于纷乱的尘世，很多女人心中是否也被迫藏着一套“整齐”的标准呢？当我们用这套死板的标准去度量身边的人和事时，那些不合标准的事物，是否就常常困扰着我们，让我们心烦意乱、寝食难安呢？

柴静感慨：不是取了个法号叫“心无”，就可以真的心无芥蒂地看待原本清净的禅房。每个人心里的那套标准都是很固执的，有的女人觉得世事无常，前路坎坷，于是行脚的每一步都顾虑重重；有的女人觉得流年短暂，稍纵即逝，于是总是步履匆匆、不懂停歇；有的女人觉得世态炎凉，踏实无用，不如倚靠别人、利用别人，一路搭乘顺风车。不管她们心里的那套对世界的看法有多么不同，她们都有一个共同点，就是整日眉头紧锁，心事重重，不能真心、开心地微笑。

柴静告诉我们：人的痛苦，不仅在于总是追求错误的东西，也在于总是错误地追求东西！这个世界不是因为我们心里的标准才变得安稳，而是它自始至终，都是完美自在的！当我们打算以内心的标尺去为天地、为自己立规矩时，我们已经离快乐天地、离自己的幸福山林越来越远了。

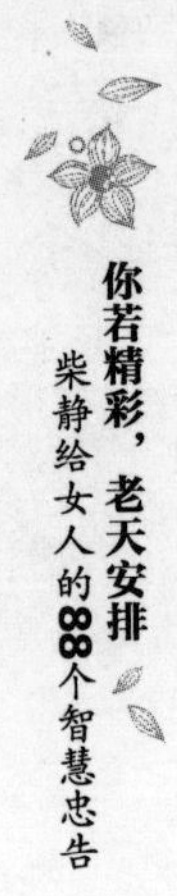

安稳不是女人唯一的渴求

13. 女人可以没有野心，但不能没有追求

柴静的父亲从医，母亲执教，她算是出生在“书香门第”了。她天性聪颖，但幼时少言寡语。相对学校里的热闹，她更贪恋广播里的声音和那些优美的旋律。因此，在长沙上大学时，爱听广播的她鼓起勇气给当时湖南经济电台的当家主持人尚能写了一封信，说自己想做电台主持。让柴静诧异的是，尚能居然回复了她，说可以给她一个面试的机会。

1994年7月，柴静第一次录节目，不过是在自己学校的广播站。那天天气炎热，录完节目后柴静“整个人都湿漉漉的”。柴静惴惴不安地将录音拿到电台给尚能听，结果尚能只说了三个字：“今晚播”。一向沉静的柴静开心极了，她知道自己终于可以实现自己的梦想了！

虽然那时由于只身在异地打拼，没钱没朋友，对人情世故又一窍不通，当遇到许多波折时，柴静并没有因此放弃，她对记者回忆说：“记得19岁生日那天，下着滂沱大雨，我身无分文，徒步走到电台去……那时的夜晚很孤单，不能睡眠，我主动要求做午夜节目，不计工资。台长答应了。我如愿以偿地做《夜色温柔》，是在1995年10月1日。”

很快，柴静的坚持得到了回报。由于柴静如邻家女孩般亲切与真诚，她很快收获了天南海北各路粉丝。电话与信件从北京、天津、香港，甚至西藏等地纷至沓来。那时，常有忠实粉丝晚上守候在电台门口，只为了给她送一束花，或是一盒润喉糖。当然，其中也不乏一些家境殷实的追求者。那时，她年仅19岁。

这也许是很多女人梦寐以求的职业生活了吧：有体面的工作，有稳定的收入，还有喜欢自己、支持自己的人，夫复何求呢？但就在电台节目做得风生水起时，柴静却主动辞职，只身去北京求学。在告别节目时，柴静不舍地说道："感激你们的诚恳，愿意和我共同负荷人生。"但柴静没说的是："但是，我不能停留。"

爱情不是女人唯一的糖果，安稳不是女人唯一的渴求。柴静从未甘心做一个风吹不着雨淋不着的受宠的小女人。她也从未像那些缺乏安全感的女人一样，过早地将自己的生活、自己的青春，关进心里的"老人院"，从此无风无雨，也无晴。柴静说："一份安定而庸常的工作也许能让你今天比别人多吃几块肉，但你失去的，却是明天品尝人生百味的机会。女人可以没有野心，但不能没有梦想，没有追求。"

柴静不希望做那种"婚前有父母护着，婚后有老公宠着"的小女人，因为这样的人生总是在安稳中度过，没有吃过苦受过累，可也与精彩人生无缘。柴静认为，女人的一辈子应当依靠自己的翅膀，而不是他人提供的树枝。为了树枝而放弃翅膀，是"丢了西瓜捡芝麻"的愚笨选择。

当然，这并不表示女人就应该永远独立。克里希那穆提在演讲时曾有一个女孩问了他这样一个问题："一个人为什么希望有伴侣？你能否在世上独立生活而没有丈夫或妻子，没有孩子，没有朋友？"他的回答是："单独生活需要极大的智慧和勇气。我们大部分人只把我们的信心放在一件事情上面，把所有的鸡蛋放在一个篮子里面，离开了我们的伴侣，生活就不再丰富，离开了家庭，我们就失去了作用。但是如果一个人的内心是丰富的，那么伴侣关系就变成次要的事了。"

其实，正如柴静所言：我们并非真要舍弃伴侣和其他亲密关系，我们要做的，是找到除此之外，还能让自己在这个红尘俗世安身立命的东西。

而这种东西，就埋藏在每个女人的心底。

就像王珣在《遇见懂爱的自己》里说的：“己心妩媚，则世间妩媚，这样的女人，即便独自跳着芭蕾，相信天地也会为之倾倒。”其实，不仅是柴静，任何心头清澈明朗的女人，都能将自己周遭的世界，变成一个不一定很大，却刚好适合自己的舞台，任自己在其中轻歌曼舞、兀自翩跹。

14. 蝴蝶般的蜕变才是人生的魅力所在

有句话说得好：“那些尝试去做某事却失败的，比那些什么也不尝试去做成功的人，不知好上多少。”我们知道，蛹化成蝶是一个艰难而痛苦的过程，但为了能有一种彻底的改变和升华，这种蜕变的过程是必不可少的。那些在某些领域取得大成就的女人，往往会博得满堂彩，但谁又知道她们在蜕变的过程中，都经历了哪些艰难困苦呢？恐怕其中的疼痛只有她们自己知道。

实际生活中，因为怕痛或嫌“化蝶”的过程过于漫长，有些女人在面临“蝶变”时开始尝试走捷径。例如，借助外界的力量帮忙撕开束缚自己的“老茧”，这当然能使我们在短时间内达到自己想要的目的，却缩短了我们的奋斗历程，删减了“蜕变”过程中最重要的一步，导致蝴蝶蜕变失败，漂亮的蝴蝶丧失了飞翔的能力。

如果说蝴蝶自我蜕变是一种勇敢的尝试，是对生命的渴望和挑战，那么在外力帮助下的蝴蝶的蜕变则是一种保守的行为，不敢接受挑战，不敢自我超越，即使成功，也是一种假象，经不起碰触，一旦被残酷现实刺穿，它就只剩下老坏而愚钝的外壳。

只有心态积极、敢于蜕变的人，才最容易有所成就。

在刚加入《东方时空·时空连线》时，柴静饱受挫折，甚至一度想过放弃，但只要领导一问："今天带子能交吗？"她都会张口就答："能！"这就是柴静的倔脾气。她发起狠来，每天上午报三四个选题，吃过午饭就开始联系各方嘉宾，晚上进演播室录，剪辑到凌晨再送审……就这样，柴静一点点熬过了那段"晦暗的岁月"，甚至还拿了一些主持奖项。

工作轻松之后，柴静没有立刻去享用自己辛劳的果实，而是反问自己："我做的，是我喜欢的吗？"直到她离开《时空连线》，去了《新闻调查》做外派记者，这个问题才有了明确的答案。

在《新闻调查》里，柴静吃尽了苦头：为采访被超期羁押的人，炎炎夏日中，她徒步5公里去山中的看守所；为寻找贩卖假古董的犯罪嫌疑人，她在寒冷的深冬坐车去江西，半夜车熄火，她得和其他乘客一起哆哆嗦嗦地在后头推车，身上沾满泥点；为了寻找吸毒女阿文，柴静在垃圾淹没到小腿的肮脏小巷里一家一家挨个敲门……

面对这些困难，柴静却十分欣喜。她觉得自己终于"接了地气"，亲身参与到了世界当中。那种感觉，就像经受了"长天大地的用力摔打"，对她来说不是难受，而是过瘾！她甚至斩钉截铁地感叹说："真的！我真喜欢这工作！"

《新闻调查》让柴静彻底换了一个人，她过去身上的那些小女生、小资的娇气被一层层剥下，终于露出真实而有力量的本性。

柴静说，这些年也有不少遗憾，但对自己满意的，就是一直在追求改变，尝试蜕变。宁可在尝试中失败，也不在保守中成功——柴静的经历是这句话最好的注解。在未来的社会，那种自我中心、自我封闭、自我满足、自以为是，以及自我设限的、心态消极的女人，根本不可能适应社

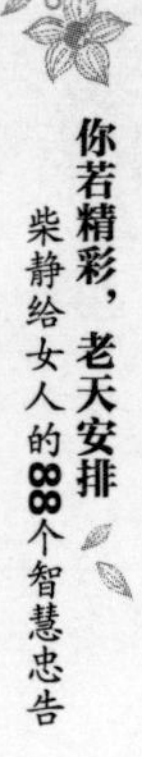

会，甚至生存都会成问题。蝴蝶般的蜕变才是人生的魅力所在，所以，身为女人，我们应当像柴静一样，在开放中尝试改变，在改变中寻求突破，在突破中收获美丽的翅膀与动人的舞姿。

15. 不眷恋安稳，成功在冒险的路上

柴静是一个看似柔弱、温婉，却在骨子里透露着刚强的新闻人。有记者采访她时问道："怎样看待女人？"

柴静回答："女人要了解自己的优势和极限。女人一般感觉更加细腻，有好的艺术天赋和美感，不要局限于经验，无须画地为牢，因为经验值总能扩张。我以前穿长裙和细高跟鞋，自认只能是斯文一族，现在，跟着飞机全世界跑，和男人一样背着大背包，一样在烈日下曝晒，觉得生活也别有滋味。新女性柔弱的外表下，应是坚持的内核。"

其实，柴静所描述的外柔内刚的新女性已经越来越多，"女王范"不是也越来越受到人们的追捧么？这表明内外皆刚的女人也是有市场的。要知道，每个女人都是自己的"女王"，每个女人都是自己梦想大厦的设计师，而不仅仅是别人设计的屋子里的一件漂亮摆设。那些在今天心甘情愿做别人的摆设，而放弃自己动手设计权利的女人，将来一定会讨厌现在的自己。

用柴静推崇的美国作家约瑟夫·坎贝尔说的话来提醒女人是最合适不过了，他说："知道什么是沮丧吗？那就是当你花了一生的时间爬梯子并最终达到顶端的时候，却发现梯子架的并不是你想上的那堵墙。"这样的警示并非危言耸听，很多女人都在"身体力行"地实践着这种搭错梯子的

悲剧。

女性最大的问题就是缺乏安全感，这使得她们眷恋安稳的感觉，并在安稳中养成了一种名为“懒散”的毛病。这种懒散不仅体现在具体的行动力上，也体现在她们寡淡的野心上。她们一直在追求安全平稳的生活，所以一旦得到比较苟安的位置，便想固守不求进取了。若是遇见了一个可以让自己不再奋斗的男人，那似乎就更完美了。

只是，这样的安稳，往往是一个陷阱，让她们丧失了斗志和激情，也失去了绽放的机会。那些眷恋安稳的人们只在自己熟悉的领域搭建一个舒适的温室，她们不敢向陌生的领域踏出一步，对生活中不时出现的困难，更是不敢主动发起“进攻”，只是一躲再躲。她们认为，保持自己熟悉的一切就好。

可是，当女人们苦心维持着自己低低的野心和少少的梦想，打算安心做一个少奶奶时，却忘了一个很重要的问题：梦想，它才是让一个女人充满吸引力的香水。当女人在懒散和故步自封中活着时，肌肤渐渐衰老松弛，精神也不再焕发，哪个男人还会倾慕她、宠溺她呢？

与柴静相似，还有一个女人也对这样的安稳陷阱十分警觉。到最后，她的名字都变成了一个传奇，她就是——香奈儿。

香奈儿生于1883年，她的童年是不幸的：十二岁时母亲离世，父亲便丢下她和4个兄弟姐妹。但这些都没有打垮她，更不妨碍她实现自己的梦想，她读修女院学校时学得一手针线技巧，并在心底埋下了做设计师的愿望。

22岁那年，她当上“咖啡厅歌手”，后来，通过老主顾的介绍，她和上流社会有了接触。外貌出众的她很受男人的欢迎，但她并不甘心做一个家庭主妇，所以当一位让无数女人心动的伯爵向她求婚时，她拒绝了。后来的事实也证明，伯爵能给她的，她一样可以靠自己的能力得到！

30岁以后的香奈儿还清了创业初期的欠债，她独立了。每天晚上睡觉的时候，她唯一需要确定的是，那把心爱的剪刀是否放在床头柜上。她

说："上帝知道我渴望爱情，但如果非要我选择，我选择时装。"

香奈儿从来就不是一个安于本分的女人，因为她并不觉得做个乖女人就是自己的本分。所以后来，她的名字成了女性解放与自然魅力的代名词。

人生就是一场华丽的冒险和赌博，只有不断冒险，我们的生命之花才拥有常开不败的充足养料。对一个年轻女人来说，不管你的外表是美的还是丑的，也不管你的心智是聪明还是愚笨，都要像柴静和香奈儿一样，不要被安稳的陷阱温柔地"杀死"，而是多一些冒险精神，做一个独立的个体。成功，就在冒险的路上，这也许是最令人激动的真理。但愿，我们都能拥有追寻它的勇气。

16. 积极主动才有机会领略人生美景

当清晨纯净的阳光从落地窗斜射过来，你是否也会想起小时候被周围的人一遍一遍问长大了想做什么的事情，那时的我们真的有着很大的胆量，以为目之所及就是整个世界，心之所及就是整个天堂。蓦然回首时，才发现儿时的勇敢已经被隐藏，现在的我们面对生活时总是考虑得太多太多。所以这么多年来，虽说已经跋涉了许多山水，却怎么也没到达童年梦里最远的地方。

柴静摘录过英国剧作家萧伯纳的一句话："对于害怕危险的人，这个世界总是危险的。"的确，如果女人总是裹足不前，总害怕行动有所失败，总是等待着一个赏识自己的伯乐或者愿意帮自己的贵人，并认定"山那边仍然是山"，那么山顶最美丽的风景，将永远与她无缘，她也永远走不出自己心里的那座大山。

其实，对于未知的危险，害怕是人之常情，但聪明如柴静，如李安，他们懂得从中汲取前进的动力。

李安在拍完《少年派的奇幻漂流》后，接受了柴静《看见》的采访。对于首次尝试3D电影的李安，柴静开门见山地问："你不怕失败吗？"

李安说："怕，但怕才有劲，怕人才会提高警觉。就像电影里少年派跟老虎漂洋过海，后来发现没有那个老虎他活不了，没有那种恐惧，没有让他一个警醒的感觉。他对老虎的恐惧是提了他的神，增加了他的精气神，所以那种提高警觉的那种心态，心理状态其实是生存跟求知跟学习最好的状况，所以有时候我也需要一点刺激，我就害怕这样的话，自己也惰怠了，很容易陈腐的，很容易被淘汰。"

柴静诧异已经功成名就的李安还会担心被淘汰："你还会有这种担心吗？被淘汰的恐惧？"

李安坦言："会，对观众，对期待你的人，也要有一个交代。"

在采访李安的那段时间，柴静也处在一个思想上不太安定的阶段，所以听完李安关于危险、关于警觉的诚恳之言，她颇受触动。于是，柴静在节目结尾感慨道："李安说，每个人心中都卧虎藏龙，这头卧虎是我们的欲望，也是我们的恐惧，有时候我们说不出它，我们搞不定它，它给我们危险，它给我们不安，但也正是因为它的存在，才让我们保持精神上的警觉，才激发自己全部的生命力与之共存，少年派因之得到生存，李安因之得到电影的梦境，而我们，按李安的说法，我们因之在这场纯真的幻觉中，得知自己并不那么孤单。"

是的，在探寻理想、寻求未知世界的旅途中，我们都不孤单。

柴静只身留在长沙做电台主持人，后来又只身去北京求学，再后来独自闯荡央视……她在人生道路上面对的，几乎都是未知，都是危险。李安在做导演之前，也经历了漫长的隐忍和等待。而且，相比柴静的锐气外露，李安在成名前，似乎是个不怎么显山露水的人。

1978年，李安准备报考美国伊利诺大学的戏剧电影系，这遭到李安父亲的强烈反对，他给李安列了一个数据：美国百老汇每年只有大约两百个角色，但却有五万多人来竞争。李安没有听从父亲的劝告，执意去了美国。从此两人关系恶化，二十多年都不怎么说话。

等李安从电影学院毕业后，他才明白父亲的明智。自1983年起，在长达6年的时间里，李安只能帮剧组看看器材、做剪辑助理、剧务之类的杂事。他曾拿着一个剧本在两个礼拜里跑了三十多家公司，换来的却是一次次的白眼。

这些经历就像电影里的少年派亲眼看着关在笼子里的山羊是如何被老虎吃掉的一样，让李安看清了残酷的现实。李安一度打算放弃，甚至去报了一个电脑培训班，但他的妻子却严肃地跟他说："安，要记得你心里的梦想！"

正是深爱之人的这份鼓励，给了李安继续面对未知的危险、直面梦想的勇气。从那时起，这个世界级的华人导演，才算真正开始了自己的电影梦之旅。

柴静用李安的故事和自己的亲身经历告诉我们：每个人都是一匹千里马，困住我们双脚的不是距离和能力，而是自己的心。这个世界有太多的惊喜，造化有太多的崎岖，最美的风景永远在最远最险的地方，自然和人生的美好不是为懦夫而存在的，只有积极主动的千里马，才有机会领略人生最美的风景，而"懦夫在未死之前，已经身历多次死亡的恐怖和痛苦"，他们无福消受这上天的恩赐。

做出鞘的剑，而不是温室里的花

17. 认定目标后，全力以赴去追求

在深受观众喜爱的印度电影《三傻大闹宝莱坞》中，主人公兰彻说："不要追求成功，而是追求卓越。追求卓越，成功就会出其不意找上门。"

追求卓越与追求成功有什么区别呢？成功只是一种结果，而卓越是一种自我超越，注重的是过程。唯有在做事过程中全力以赴、力求做到最好的人，才更容易被成功所眷顾。

柴静在博客中写道："我最喜欢的物理学家是个美国人，叫费曼，他对一个对物理感兴趣但又怕数学学不好的孩子说，'如果你喜欢一件事，又有这样的才干，那就把整个人都投入进去，就像一把刀直扎下去，直到没入刀柄，不要问为什么，也不要管会碰到什么。"柴静鼓励读者时说，"你就要用这个劲儿活着。"正是由于柴静身上具有这股拼搏的力量，才会使她有后来的成功。

我们常常抱怨自己的命运，羡慕他人成功时，就需要好好反省自身了，问问自己："你真的有全力以赴这股劲儿吗？"很多时候，你可能就

输在对待事情的态度上。

有一则这样的故事讲述了这个道理：在美国西雅图的一所著名教堂里，有一位受人爱戴的牧师戴尔·泰勒。有一天，他为教会学校一个班的学生们讲了一个故事：

一个冬天，猎人带着猎狗去打猎。猎人一枪击中了一只兔子的后腿，受伤的兔子拼命地逃生，猎狗在后面紧追不舍。可是追了一段距离后，兔子跑得越来越远了。猎狗知道难以追上，就悻悻地回到了猎人身边。猎人气愤地骂道："真没用！连一只受了伤的兔子都追不到！"

猎狗听了有些不服气地辩解道："可是我已经尽力而为了呀！"

那只受了伤的兔子成功逃回家了，其他的兔子都围过来惊讶地问它："猎狗那么凶，你的腿又中了枪，你是怎么把它甩掉的呀？"

兔子喘着气说："猎狗是尽力而为，而我却是竭尽全力呀！猎狗没追上我，顶多回去挨一顿骂，而我若不竭尽全力地飞奔，可就没命了呀！"

泰勒牧师讲完这个小故事之后，又认真地对全班同学承诺：谁要是能背诵《圣经·马太福音》中第五章到第七章的全部内容，谁就会被邀请到西雅图的"太空针"高塔餐厅参加免费聚餐会。

尽管参加免费聚餐会是许多学生十分渴望的事情，但《圣经·马太福音》中第五章到第七章的全部内容有几万字，要把它背诵下来难度可想而知，因此几乎所有的学生都知难而退了。

几天后，班中一个11岁的男孩从容地站在泰勒牧师的面前，完整地把第五章到第七章的内容背诵下来，竟然一字不漏，没出一点差错，并且像朗诵一样声情并茂。

泰勒牧师非常清楚，就是在成年的信徒中，能背诵这些篇幅的人也为数不多的，何况是一个孩子。泰勒牧师对男孩惊人的记忆力赞叹不已，他问男孩："你为什么能够背下这么长的文字呢？"

这个男孩回答道："我竭尽全力。"

十多年后，这个男孩创立了世界著名的软件公司——微软，他就是比尔·盖茨。

你专注于路，目的地就在你前方，你始终都会走到终点，如果你专注于困难，时时顾虑重重，不能全力以赴去做，那你可能永远都走不到终点。

在管理学上有这样一则笑话：为什么孙悟空能大闹天宫，却打不过路上的妖怪？原因是孙悟空大闹天宫时碰到的都是给玉皇大帝打工的，所以大家都是意思意思，不是真的卖命，而在路上碰到的妖怪都是自己出来创业的，所以比较拼。可见，做事是否全力以赴，会有不同的结局。

在人生旅途中我们可能会有很多目标，但我们从来都不知道会遇到什么困难，所以你努力地直朝着终点前进，结果你在过程中变得更自信、更坚强，最终也走到了目的地。正像我们所熟知的那句话说的："既然选择了远方，便只顾风雨兼程"，为梦想来场酣畅淋漓的激情挥洒，尽情地去享受奋斗过程中由于全身心地投入而带来充实和愉悦。

陈虻说："'现在'就是小时候想过无数次要为之奋斗的未来。"而当昨天的"未来"成为眼前的"现在"时，我们感叹时间飞逝，而现实却远没有梦想多彩。幸好，现在的你依然还可以努力，"让明天的你感谢今天奋斗的自己"。

18. 目标可以高远，脚步必须踏实

老子在《道德经》中说：合抱之木，生于毫末；九层之台，起于垒土；千里之行，始于足下。成功由一点一滴的努力而得来，人生从来都没有捷径。

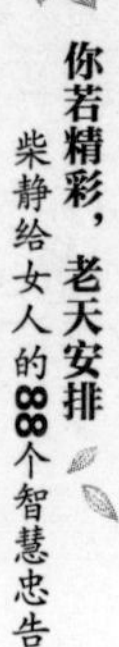

柴静说："对世界的认识，是要行万里路才能得来的"。二十出头进入央视的柴静，既没有名校的学历背景，又不是新闻专业出身，这个看似普通的女孩子，身处的是高手如云的江湖，柴静度过了一段极为痛苦的适应阶段。用柴静的话说就是："像花豹要改变自己身上的花纹一样，是血淋淋的。"她说自己就像从蹲马步开始学习基本功一样，学习别人的采访经验，刻苦用功，流汗流血、风吹日晒。她采用最笨拙的办法，像蚂蚁一点一点地搬运食物一样，竭尽全力地去学习、去运用。最终渡过痛苦的蜕变期，成长为一名优秀的记者。

普通人在遇到工作上的压力时，往往选择抱怨或退缩，其实我们要明白，活在这世间的每一个人，没有人过着毫无压力的生活。人生没有捷径，只有认真对待生活，生活才会赋予你真诚的回报，想要投机取巧的人往往得到的是失败的人生。

有这样一组漫画，以简洁明了的笔法向我揭示了这个深刻的道理：

画中有许多的人，每个人都背负着一个十字架向前行走，显然，肩上的分量很沉重，人们的步伐显得缓慢而艰难。他们朝着目的地前进着，途中有一个人忽然停了下来。他心想：这个十字架实在是太沉重了，这样背负着它，我要走到何年何月啊？于是，他灵机一动，决定将十字架砍短一截。砍掉之后，的确是轻松了很多，他的步伐也加快了。

人们继续向前走啊走啊，又过了很久，这个人又开始感到疲惫，他又开始想：十字架还是太重了！上帝啊，请你让我再砍掉一段吧，我保证可以走得更好。于是他又砍呀砍，砍完之后，再次背起来时，他一下子感到轻松了许多。他十分开心地说："上帝，太感谢你了！"很快，他轻轻松松地就走到了队伍的最前面。当其他人都在负重奋力前行时，他却显得毫不费力，一边走还一边哼起歌来。

没想到，走着走着，前边忽然出现了一条沟壑，沟壑又深又宽，上面没有桥，周围也没有路。他发起愁来，这可怎么办呢？此时，后面的人都慢慢地赶上来了，他们用自己背负的十字架搭在沟上，当做桥，从容不迫地跨越了沟壑。见此情景，他也这样做，但他的十字架因为之前被他砍掉了长长的一截，现在根本无法做成桥来帮他渡过眼前的难关。于是，当其他人都超越了他朝着目标继续前进时，他却只能停在原地，追悔莫及……

此时，这个人的心境完全可以用一句话去形容："曾经有一个完整的十字架背在我的肩上，我没有好好珍惜，直到需要它的时候，我才后悔莫及。人世间最大的痛苦莫过于此！……"

其实，仔细想来，我们每个人的肩上都背负着生活赋予我们的"十字架"。它也许是我们的工作，也许是我们的学习，也许是我们应该承担的责任与义务，甚至是我们的真诚与善意，是我们做人做事的良心……有时它可能让我们觉得不堪重负，步履艰难，可也正是这些属于我们的"沉重的幸福"，才构成了我们在这个世界上存在着的价值。因此，我们没有理由埋怨每天的学习繁重，工作劳苦，因为人生没有捷径，越是自作聪明的人只能占到眼前一点"便宜"，却会在以后的道路中吃亏。

对于事业的成就，人生的成果，没有人不渴望得到，目标可以高远，但一点一滴的积累却不容忽视。像柴静一样从蹲马步开始练习基本功，为一展才华打下坚实基础。真正的快乐，是你经受挑战后的成就，是认认真真做人做事的那一份沉甸甸的积累，如果舍弃了这些，我们的灵魂就像一颗干瘪的种子，毫无价值可言。

19. 善于自我引领才能做命运的主宰者

歌德曾说："每个人都想成功，但没一个人想到成长。"成功是向某个目标前进的过程，是在表达自己对人生渴望的态度。成功在人生当中只

有为数不多的一两个点，它是外在的表现，别人会为之瞩目，会去评论。而成长是个持续的过程，是内在的，在你的内心愉悦存在。提到成功，每个人都急切地想得到，而成长是缓慢的，而且需要你始终充满自信。

对于激励自我、相信自我，柴静给出了非常有趣的解释：“你知道在赛马跨越障碍的时候，最好的赛手的心态是你既不要鞭策它，也不要控制它，你要完全地信任它。采访前我做准备，有时没想到这个问题我怎么办，通常智力不能抵达的时候，我会跟自己说：‘你得信任一下那个叫柴静的人，她更接近直觉，你别拉缰绳。’”

信任自己，放手去做，因为在这个世界上最了解我们的只有自己。在人生的航程遇到风浪与险滩时，旁人大都爱莫能助，与你一起坚守，让你鼓起勇气继续向前的，通常只有自己。

著名主持人杨澜也曾经写过这样一篇文章，名为《搏一搏才有机会》，其中提到：

很多人问我：“你为什么能采访各国总统等大人物，我就不能？”

其实，你要相信积累。首先，你要让你的报道稍微有点不同。就那么一点不同，或许后面的情形就不一样了。我刚开始采访时，托很多人才约到一个证监会主席，还要出场费，我心里很郁闷。但三四年后，节目做得好，底气足了，别人争着来上我的节目。

我不管什么采访，所有功课都自己来消化。你要相信积累的力量。还有，就是诚意、善意的力量。在你能力范围内，善意地对别人。有一种力量叫爱，当你能为别人寻找自我、表达自我提供帮助时，你的价值也会得到体现。人要学会自己成长，把成长作为人生目标去完成，就离成功不远了。

很多记者采访我时，往往会说：“你很有心计啊，在中央电视台最辉煌时选择去读书，后来又到凤凰卫视，这一切都是你安排好的吗？”我说：“没有啊，我哪有心计？”当时，我在中央电视台是一名当红主持人，大型活动都由我去主持。可一件小事，却让我感觉到我身处的环境极其不安全。一年春节联欢晚会，共有六名主持。多遍彩排后，导演组突然决定不用其中一个主持大姐，但没人通知她。那天，大姐兴冲冲拿着礼服到化妆间，化妆师说没她名字，那个大姐黯然神伤地走了。我当时坐在一旁，似乎看到自己的未来就是这样。我心想，今天如果没有机遇和环境的平台，有多少成功算是你努力的结果？选择离开是因为恐惧，因为命运不在自己掌握中。从那一刻起，我就觉得自己首先得站稳脚跟，不要沉迷在鲜花和掌声中，去寻找成长，去读书。我的成长并不是精心安排，只是跟随心里最真切的声音。年轻时不去搏一搏，什么时候还有机会？

无疑，在事业面前，柴静和杨澜都是成功的，因为她们永远都知道自己的心里想要的是什么，也永远会保持一颗进取的心，不使自己甘于生活的平静。

善于自我引领，并不断激励自己的人，才能做自己命运的主宰者，追赶自己的梦想，并勇敢地对自己说：什么都阻挡不了我，天空才是我的极限！

20. 怒放的生命，因事业而精彩

丘吉尔说过：“一个人最大的幸福就是在他最热爱的工作上充分施展自己的才华。”勤奋的人，把大部分精力用于创建事业。他们不但有自己的理想，而且踏实、勤奋，即使当下做的只是一份普通的工作，他们也会用对待事业的热情去规划和经营，甚至从事业中得到无穷的快乐。

敬业的人，为自己的事业发愤忘食；乐业的人，为自己的工作乐以忘忧。勤劳的生命往往带来愉快的享受，热爱自己事业的人在工作中保持旺

盛的精力，像一棵富有韧性的常青藤。在他们的眼中，自己每天都在为一项有意义的事业而思考、而行动，即使忙碌，带来的也是充实的快意和收获的喜悦。他们爱着自己的工作，因为在这片希望的土地上，他们点点滴滴的才华和心血都在一天天开花、结果，收获的幸福感绵绵不绝。

柴静说，2003年她到《新闻调查》后，每天进办公楼，路过别的栏目组时，她都要庆幸一遍："哦，我在《新闻调查》。"因为在她看来，《新闻调查》对于中国记者而言，是难得的平台、真切的挑战。

正是出于这种热爱，当新闻中心主任孙玉胜离开的时候，柴静对这名德高望重的电视人说："我想我会在调查做十年。"这样下决心交付自己十年的青春，且心甘情愿，毅然坚决，大概就是柴静说的，"我没有把记者仅当成一个职业，更确切地说，我是在不断寻找生命的可能性。"

成功的人往往把事业看成自己生命的一部分，抽离了他热爱的工作，就觉得人生缺失了很多。只有投身其中，才能感受到那个被自己认可和尊重的自身。

著名导演张艺谋的成功离不开他对艺术的诚挚热爱和忘我追求。正如传记作家王斌评价他时所说的："超常的智慧和敏捷固然是张艺谋成功的主要因素，但惊人的勤奋和刻苦也是他成功的重要条件。"

1986年，摄影师出身的张艺谋被导演吴天明点将出任《老井》一片的男主角。没有任何表演经验的张艺谋接到任务后，二话没说就搬到农村去体验生活。在太行山一个偏僻、贫穷的山村里，他剃光了头，穿上大腰裤，打着赤膊，露出了光脊背，与当地乡亲同吃同住，每天一起上山干活，一起下沟担水。为了使皮肤粗糙、黝黑，他每天中午光着膀子在烈日下曝晒；为了影片中那不足一分钟的背石镜头，张艺谋实实在在地背了两个月的石板，一天3块，每块150斤。

为了让表演达到逼真的效果，张艺谋在拍摄过程中，真跌真打，主动吃苦受罪。在拍"舍身护井"时，他真跳，摔得浑身酸疼；在拍"村落械斗"时，他真打，弄得鼻青脸肿。甚至在拍旺泉和巧英在井下那场戏时，为了找到人物那种奄奄一息的感觉，他硬是连续三天粒米未进，连滚带爬地拍完了全部镜头。

工作不仅是谋生的手段，也是感悟生活、实现自我价值的一种载体。每个人的一生都是在学习、工作和生活中度过，对大多数人来说，工作大概要占据人生三分之一的时间。为梦想而努力工作的过程，最容易折射出一个人的生活态度和思想境界，而这正是人的内在美的一种表现，也是一个人自我价值的实现。

梁启超在《敬业与乐业》中说:“人生能从自己职业中领略出趣味，生活才有价值。”我们对自己从事的工作怀一份热爱、珍惜和敬重，不惜为之付出和奉献，慢慢地我们就会品尝出工作带给我们的甜美和希望，体味事业对我们的改变和塑造。

21. 在奋斗中加入一些快乐的催化剂

每个人对人生都有自己最独特的诠释，唯有做事全心投入并乐在其中的人最无愧于人生，也享受着奋斗的过程，他们的生活充实饱满。

柴静说，她的节目刚刚得到认可时，陈虻发来信息，只说了八个字“只问耕耘，不问收获。”“现在他走了，我才明白，耕耘本身就是收获。”

当下的职场，“80后”和“90后”人群占了很大比重，在自由与个性的理念下成长的新一代，在工作中多了张扬，少了忍耐。很多难以用心真正地投入工作，更谈不上从工作中得到快乐。

在这一点上，柴静给现在的年轻人树立了很好的标杆。她的搭档和闺

蜜老郝回忆她们一起在《新闻调查》工作时的快乐：“我们一年到头出差，在一起待的时间比家人还长。”“在《新闻调查》那几年，大家都没啥私生活，除了工作就是工作，但乐在其中。出差路上我们会一首一首唱老歌，休息时在一起玩的多是小孩子游戏，丢沙包、踢毽子……”

能在奋进中得到快乐的人是幸福的，他们最爱那种在艰苦中舔到蜜的滋味。这样的人在成功者中并不鲜见。

“杂交水稻之父”“当代神农氏”“联合国粮农组织首席顾问”“国家最高科学技术奖获得者”……这些数不清的头衔与荣誉都属于一个人，他就是中国工程院院士袁隆平。这位淡泊名利的老人在探索杂交水稻的科学道路上孜孜以求地走过了几十个春秋，他永不停歇的动力就是取得科研新成果所带来的快乐。

袁隆平曾经真诚地说：“我做过一个梦，梦见杂交水稻的茎秆像高粱一样高，穗子像扫帚一样大，稻谷像葡萄一样结得一串串，我和我的助手们一块在稻田里散步，在水稻下面乘凉 。”正是这个散发着稻香的甜美梦想，让他与自己热爱的科学事业融为一体。

对于我们每一个普通人来说，每天的奋斗都是为了明天有更好的生活、更快乐的心情。但如果每天只憧憬以后的美好，眼下却得过且过的话，那就陷入了生命的误区当中。尝试着在奋斗中加入快乐的催化剂吧，那样你会发现每一天的日子都有了干劲与激情。你一路走来，才发现快乐并不在遥远的明天，而就在你的心中。

苦楚的岁月，也是幸福的养料

22. 经过苦难洗礼的人生更加芬芳

人生路漫漫，充满了鲜花，也充满了荆棘；充满了幸福，也充满了痛苦。曲折坎坷是时时刻刻都存在的，学业的失意、疾病的折磨、自信的受损、亲人离去的悲痛……在踏上人生路途的时候，我们就该明白世事艰难，要接受温润的春和赤烈的夏，就必须接受清冷的秋和寒冽的冬，坦然面对沉浮，才会让生命散发芳香。

柴静成名较早，之后她主动去寻求风雨的洗礼：在“非典”时深入一线，在诈骗案中孤身冒险，在社会焦点事件中身先士卒……正是这些苦难的洗礼，使得她的性情清冽动人，使得她的文字厚实温暖。

经过了长沙求学时的孤寂与懵懂，经历了主持《夜色温柔》时的温柔与动听，经历了在《东方时空》时的挫折与坚韧，经历了在《新闻调查》中的磨难与锻打，经历了在《看见》里的从容与优雅经历了人生的坎坷与起伏……2013年年初，柴静与知名摄影师赵嘉结婚，此后渐渐淡出荧屏，安享家庭的幸福。如今的柴静，在尘世翻滚的沸水里历经沉浮，终得以在一个安宁的午后，静静品茗自己的一脉脉芳香。

世事常变化，人生多艰辛。在漫长的人生之旅中，我们不可能一帆风顺，只有经得起生活和岁月的锻打，女人才能永远抓得稳幸福。人生需要苦难的淬炼，没有曲折，生活如果总是两点一线般的顺利，就会如同白开水一样平淡无味，只有酸甜苦辣咸五味俱全才是生活的全部，只有悲喜哀痛七情六欲全部经历才算是完整的人生。

鹰是世间寿命最长的鸟类。它一生的年龄可达70岁。当鹰活到40岁时，它的爪子开始老化，不能有效地抓住猎物。它的喙开始变得又长又弯，几乎触到胸膛。它的翅膀也开始变得沉重，因为它的羽毛长得又浓又厚，飞翔都显得有些吃力。

这时它只有两种选择：等死，或开始一次痛苦的重生——150天漫长的操练。它必须很卖力地飞到山顶，在悬崖上筑巢，停留在那里，不能飞翔。

鹰首先用它的喙击打岩石，直到喙完全脱落。然后，静静地等候新的喙长出来。它会用新长出的喙把指甲一根一根地拔出来。当新的指甲长出来后，就再把羽毛一根一根地拔掉。5个月以后，新的羽毛长出来了，鹰经历了一次再生。

如果40岁的鹰选择逃避，那么等待它的就是生命的枯萎。它唯有选择经历苦痛，生命才得以再生。重生与成功的道路上注定要布满荆棘。

璞玉只有经过粗粝的环境的雕琢，才能闪烁出高贵的光芒；河蚌只有历经沙砾的顽固折磨，才能孕育出华美的珍珠。人的生命亦是如此，只有在痛苦的挣扎中意志才会得到磨炼，力量才能得到加强，心智才会得到升华。而怯于磨砺，生命将平庸而无奇。所以，当我们在面临生活中这样那样的不如意时，不妨将这些不如意当成一次突破自我的机会，勇敢地跨越自我的极限，生命就会更上一层楼。

23. 阳光总在风雨后，乌云上有晴空

也许在骨子里，每个女人都渴望过着“面朝大海，春暖花开”，偶尔关心一下“粮食与蔬菜”的生活，而且最好就这样安度此生。但可能你也会同意这样的观点：不经历苦难的幸福，往往就像不曾经受风雨的果实，寡淡无味。

在以电视主持的身份被大家熟知之前，柴静曾经做过长沙电台的主持人，而且小有名气。曾有人这么形容她的节目：“那些暗夜里的音乐，喃喃的人声，从她唇齿流过的一粒一粒的字，终身不灭。”但柴静似乎并不甘心于这样风平浪静的日子，她后来辞去工作，只身去北京求学，追求更广阔的天地。

生活就是这样，“岁月静好，现世安稳”的恬淡能够带给我们安静的微笑，而“阳光总在风雨后，乌云上有晴空”的坚守却能赐予我们喜悦的泪水。更何况，人生本来就不可能永远“静好”和“安稳”，若是风平浪静时我们只知道把自己装扮成一副弱不禁风的天真模样，惹来别人的疼惜和怜爱，等人浪真的迎头打来，我们就只能声嘶力竭地求救了吧。柴静告诉我们：女人完全可以选择在风雨来临前主动出击，用勇气和磨砺来丰满自己的羽翼。

只身在北京求学的日子是清苦的，但柴静对此甘之如饴。她说，苦楚的岁月，又何尝不能作为幸福的养料呢？很多人都知道“诗圣”是杜甫，“诗仙”是李白，也有人听过“诗佛”王维、“诗鬼”李贺，但有谁知道，人才济济的唐朝还有两个“诗囚”呢？他们就是被苏轼称为“郊寒岛瘦”的孟郊和贾岛。孟郊“一生空吟诗，不觉成白头”的痴迷，贾岛“二

句三年得，一吟双泪流”的无悔，执著中渗着点滴刺骨凄凉，坚定里浸染了无数烟雨风霜。这样的诗句虽“寒”且“瘦”，却也透着一股纯粹，暖人心田。这正像柴静的文字，仿佛是在浸染了长久孤寂的清苦岁月后，开出的一朵朵轻暖可人的花。

有些人就是这样，面对自己钟爱的事物，纵然是做囚，也甘之如饴。更何况，如果每个人终其一生所要做的就是写好自己的幸福之书，那我们可能都需要留两页纸给痛苦作一篇动人的序。

自从2003年担任《新闻调查》记者开始，柴静面对的风雨就更加直接和猛烈。她出现在“非典”的第一线，她亲临矿难现场调查真相，她深入经济诈骗公司采访，期间她不仅要经受体力和精力上的考验，更要承受来自各方的压力，甚至是赤裸裸的威胁。在采访诈骗公司时，公司老板甚至找来一帮黑社会对她进行盘问。但这些危险并没有让柴静退缩，正相反，她从这些危险和打击中，更加坚定了自我。

很多人将柴静视为圣洁如莲花的“女神”，但人们只知道莲花的高洁，“出淤泥而不染”，却不知莲花那出淤泥时承担的苦痛，才是花开灿烂、出尘脱俗的助因！正如柴静钟爱的诗人罗曼·罗兰所言：“痛苦是一把犁，它一面犁破了你的心，一面掘开了生命的新起点。”柴静正是凭借着对苦痛的一次次经历，对磨难的一次次冲击，才将自己的秉性冲刷得清清白白，干干净净，才为自己的人生，掘开了一个又一个崭新的起点。

24. 成功是熬出来的

成功的秘诀有千千万万，有人依赖背景，有人凭靠天赋，有人借助机遇……而有些人却凭着一种“熬”的韧性，获取了成功。

电视剧《士兵突击》中的许三多家住在山沟里的农村，他的特长就是跑得快，这是在他父亲的拳打脚踢下练就的。当史今班长第一次去征兵的时候，这个瘦小胆怯、窝窝囊囊的许三多，实在让人看不出能有什么大出息。尤其是和能说会道、开朗活泼的成才比起来更是天壤之别。

从进入部队的那天起，许三多就跟别人不一样。他懦弱、自卑，说话做事像是没长脑子，遇到问题只会对你傻笑。

在纪律松散的草原五班，许三多没有随波逐流，执著地按军人的纪律要求自己。被调到钢七连后，许三多仍旧是个不被连长看好的“孬兵”“心理上的侏儒”。这里的战士有钢铁一样坚定的意志，个个英勇干练，而许三多却成了钢七连眼里的那一颗沙子。经受了痛苦的纠结、挣扎后，许三多终于在班长的帮助下战胜了自卑与恐惧。在训练中，他拼命做完333个腹部绕杠，此后，一向被人看不起的许三多像翻身农奴一般，得到了大家的认可和尊敬。

看到许三多在不断努力下取得的进步，一向看不起他的连长高城评价他说：“他每做一件小事的时候都像救命稻草一样抓着，有一天，我一看，嚯！好家伙！他抱着的是已经让我仰望的参天大树了。”

后来，许三多参加了特种部队的选拔，魔鬼式的训练让他不仅在战斗力上大大增长，也让他的心智更成熟，最终成为了特种部队“老A”中的一员。

许三多，这个被父亲一边用脚踹，一边痛骂的“龟儿子”，终于“熬”成了一名堂堂正正的“兵王”。

柴静刚到央视时也同样“熬”了很久，每天节目结尾主持人都要评论，她一时写不出来，一遍遍改，都过不了关，经常被告知节目重录，每次重录的时候，即使是深夜也要把灯光、摄像等工作人员叫回演播室，让她充满愧疚。

一次，一位摄像师录完节目送柴静回家，语重心长地对她说：“姑娘你可得加把油呀，领导说扶不起来就不扶了。”

想拼命努力，却找不对方法，她感觉到“自己身上已经开始散发失败者的味儿”。但柴静终究没有被压力吓倒，她在采访前做好充分的准备，每一次采访会提前准备100多个问题，再来慢慢筛选。她每天上午报三个选题，下午联系，晚上录制，凌晨剪辑送审。

最难的时候，她也想赌气放弃，可当领导问能不能当天交带子时，她立即回答“能”。编带子到凌晨三四点，柴静穿着毛衣，冒着严寒把带子交给导播，然后下班回家，刚回到家扑在床上，导播打来电话说带子有问题，她只得立刻回去。

就是在这样的不懈坚持下，甚至在痛苦挣扎中，柴静逐渐成长起来。节目一期一期播出，得到了认可，她一点点熬过了那段“晦暗的岁月”，甚至还拿了一些主持奖项。

白岩松曾对柴静说：“人们声称的最美好的岁月其实都是最痛苦的，只是事后回忆起来的时候才那么幸福。”正是如此，苦过，才有资格说：我享受那奋斗中痛并快乐着的滋味。

一个人经历了很大的挫折，但是能够站起来，重新回到自己要做的事情上，这是对一个人很大的考验。在这个过程中，有时候特别劳累，有时候苦不堪言，但熬过去了，就能收获成功。

25. 在变化中不断突破自我

人们常说："世界上唯一不变的就是改变。"这个世界无时无刻不处在不断的变化中，变是绝对的，不变是相对的。只有承认改变，接受改变，把握改变，女人才能不断取得进步，突破自我，跟上时代的脚步，捕获易逝的幸福。

刚进央视新闻评论部，柴静每天要面对的就是各种改变。一进办公室，化妆师就熟练地往柴静身上套了块布："来，把头发剪了。"就在柴静愣神时，她留了许久的头发就被剪落一地。这还没完，男同事开始"调戏"这位新来的面容清秀的女同事："去，给我们倒杯水，主持人，我们一年到头伺候你，你也伺候伺候我们。"柴静不知如何应对这样的"幽默"，又不习惯和人争辩，便默默地去帮他们倒了几杯水。

工作上，柴静也面对不小的挑战。当时，柴静主持的是《东方时空》栏目下的《时空连线》，每天16分钟的时事评论，需要连线多方专家进行讨论。柴静之前未做过类似的新闻节目，因此上来的第一期录制就遭遇惨败。由于向来走文艺的路子，因此柴静的第一期节目被领导批评为"想当然，缺乏思考和深度"。带她进央视的陈虻责问她："一个新闻事实至少可以深入到知识、行业、社会三个不同的层面，越深，覆盖的人群就越广，你找了几个层面？"后来，柴静的每期节目都要进行重录，经常在半夜将灯光、摄像等工作人员叫回来工作。看着他们因为习惯而沉默的样子，柴静感到十分愧疚。

这一切都促使柴静反思：既然选择了新闻这条路，那就要做出专业的节目。文艺的语言能够感染观众，却不能带来客观的思考与切实的益处。

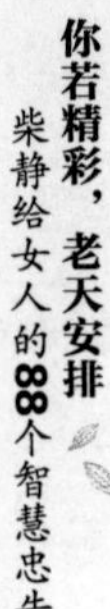

柴静从语言习惯到思维方式，开始对自己进行全面的改变。

打印著名主持人的采访稿、观看他们的访问视频、提前写好采访流程和问题、不断对照录像修正自己的姿态和言辞……就这样，柴静一点点改变着自我，也一点点改善着自己的境地。其实，柴静的改变看似被动，从根源上来说，却是一种主动的探索。有句西方谚语说得好：“要想翻过高墙，就先把自己的帽子扔过去。”柴静希望自己能够达到更高的高度，就选择加入央视，逼自己接受种种打击的锤炼。

时代在变，这样勇于接受改变，甚至主动寻求改变的女性，也会越来越多。

无独有偶，同样不贪图安逸，勇于在变化中不断突破自我的还有凤凰卫视的著名主持人吴小莉。

1998年，由她主持的《小莉看时事》成为当年凤凰卫视最热销的节目，而这个在镜头前滔滔不绝的女人也因此成为凤凰名嘴。2001年，吴小莉的身份悄然发生变化，她已经不仅仅是凤凰一个知名的主持人，她新的身份标签是凤凰资讯台副台长，同时，她还是中华慈善总会的形象大使，在更多的非新闻事件外，我们看到她的身影。

为什么转型？因为一位聪明的职业女性懂得在事业上瓶颈期未到的时候，适时地转型，为自己的职业生涯注入新的活力。所以，如果能再有多一点的空余时间，她会去读书，读关于媒体管理的专业。从台前到幕后，虽然小莉一直在强调自己是一个从来不规划人生的人，只要是大方向对了，一切都顺其自然，但其实细心观察你就会发现，她又在敏锐地往前跳了一步，多跳这一步，机遇就不会擦肩而过，也不会敲错门，因为，她早就等在那里。

很多人说吴小莉是一个善于把握人生的人，把家庭和事业都经营得很好。但有人总会觉得这样很不真实，怎么可能一个人就没有点波澜起伏的事情，而总是一帆风顺？小莉承认说：“其实每一年也会给自己新的突破、定位，每一年都在想让自己有新的变化。但后来明白，可能是做一个职业新闻人，你的职业比你本人的变化更快，比你的风格变化更快，所以有些时候，你还没来得及变，新闻在变，所以你也得变。”

柴静和吴小莉都拥有一份不惧改变，甚至追求改变的“阳光心态”。现代女性都应该认识到这种心态的重要。“不为自己限定目标，”她们这么向女性朋友建议，“因为一路走来，总会看到路边有很多自然风光，这样不经意间地采集而来，反倒有意想不到的惊喜。所以只要大的方向确定，就会一直走下去。碰到机会了，就抓紧机会，突破原有的束缚，静悄悄地突破自己。”

26. 挑战，能让自己信心百倍

美国的思想家和诗人爱默生曾说：“弱者，其心先弱。”而内心强大的人，不论外界有多少诱惑与挫折，都心无旁骛，依然固守自己内心那一份坚定。

柴静，这个身材娇小的女性，内心却似一片大海，虽波澜不惊，却隐藏着巨大的能量，在工作中她常常透着坚持和不可退让的劲头。

2003年，当柴静从《时空连线》来到《新闻调查》之后，她站到了自己渴望的新闻现场，到《新闻调查》报到的第一天，她就参加了《北京：“非典”阻击战》的拍摄。当所有人对“非典”谈之色变的时候，这个年轻的女孩先后七次与“非典”病人面对面进行采访，成为最早深入“非典”第一线采访的记者之一。

惊心动魄的紧张气氛，摇晃的镜头，柴静身穿白色防护服的瘦弱身影、苍白的面容、坚定的眼神给观众留下了极为深刻的印象。

“非典”疫情蔓延时，死亡威胁着每一个人，人人心里笼罩着一团驱之不散的阴云。“五一前，能走的人都走了，因为传说北京要封城。还有人说，晚上飞机要洒消毒液。北京像一个大锅，就要盖上了。人们开始抢购食物。”“好像‘轰’一声，什么都塌了，工作停了，学校停了，商店关了，娱乐业关了，整个日常生活被连底抽掉。”

柴静和几名同事因为接近过“非典”病人，家和单位都暂时不能回去了，住在一家已经几乎没人的酒店里。柴静曾回忆说，“我妹来酒店给我送东西，我让她带只小音箱给我。晚上在空无一人的大街上，隔着三四米远，我让她站住：‘放下，走吧。’妹妹在黯淡的路灯下看着我……”

面对着被感染的威胁，面对着亲人的牵挂，柴静依然勇敢地坚持了下来。2003年4月底，“非典”疫情即将进入高峰期，柴静跟随接送疑似“非典”病人的医疗车，一路跟踪报道“非典”疫情的现场进展情况。在中国农业大学的宿舍楼里，柴静看到的是一张张瑟缩的脸，尤其是一名女生那拉长的脸和要哭出来的表情，使她的心仿佛被什么东西撕开。瞬间，柴静明白了自己真正所要肩负的使命是什么。

在消毒水气味弥漫之中，柴静明白了一个道理：当一个人关心别人的时候，才会忘记自己。

有同事问柴静，“你害怕‘非典’吗？”柴静的回答是：“我不怕它，我憎恨它。”憎恨，是柴静对“非典”最感性、最直接的看法。对被感染者的同情，对“非典”的憎恨远远超越了恐惧。

范铭在回忆中写道：看到她浑身上下被包得如同白色粽子，头发压在帽子下面显得更像一个瘦弱的女学生，听见她在大塑料面罩后费力的呼吸声，她消毒、洗手、进入病房，直面传染、无助与死亡……我在日记里写了四个字：“她真勇敢”。

凭着新闻人无畏的精神，提着一口气，柴静和同事们恪尽职守，冒着生命危险深入“非典”第一线，感动和激励了无数人。那一年，柴静被评为“2003年中国记者风云人物”，这位面庞清秀、留着齐耳短发的姑娘成为了观众最喜爱的节目主持人之一。

对这场前线经历，柴静说后来想起来仍觉得触目惊心，但作为一名新闻记者，必须深入一线采访，才能揭示出事实的真相。在生与死的考验面前，柴静展现出了她的勇气。勇气，就像一把携万钧之力的利剑，劈开困难这一道厚重的木门，通向前进之路。

有一位名叫李辉的年轻作家，因为生病接受了心脏支架手术。就是这样一位病人，和一位朋友用11天半的时间艰苦跋涉约2155公里，途经山东、河南、陕西、甘肃、宁夏、青海六个省及自治区，从黄河三角洲腹地到达海拔3300多米的青海湖。一路上，他历尽艰难，四五级迎面撞来的大风，热浪滚滚、酷热难耐的高温，坑洼不平、颠簸难行的道路，像鞭子一样抽打在身上的大雨，还有高海拔带给身体的痛苦，面对着诸多考验，他硬是凭着坚韧不拔、顽强拼搏的精神，到达了目的地。

这个坚毅无畏的男子用行动向人们证明，没有比心更高的山，没有比腿更长的路。他可以骄傲地对世人说，他实现了挑战极限、超越自己的梦想。

人生中会面临着无数次挑战，也许在你无路可退时反倒能漂亮地战胜困难。只有无畏地接受挑战，才能创造出原本连自己都没有想到的奇迹。选择退缩的人永远都享受不到迎接挑战后得到的那一份洒脱与快乐。挑战，能让自己信心百倍。

27. 人生不圆满，再苦也要笑一笑

在大海上航行就没有不带伤的船，我们在生活中同样也不可能会一帆风顺。在漫长的人生旅途中，我们会遇到种种不同的伤痛和挫折。面对不

幸时，有人哭，有人笑，有人抱怨，有人行动，有人消沉，有人奋起。人间没有永恒的夜晚，世界没有永恒的冬天，一切都会过去，哭笑都是一生，我们又何必跟快乐过不去呢？人生不会太圆满，再苦也要笑一笑！

许多年前的一个夜晚，在波士顿一家酒吧的门口，一个漂亮的中国姑娘在风雪中一个劲地向来往的人做着推荐：“我丈夫表演的脱口秀很棒！你去看看吧，肯定不会让你失望的！”当晚，她帮丈夫拉来了5个愿意听他讲笑话的人，但他的笑话实在是太失败了，观众毫不留情，纷纷走掉，最后，只有妻子一个人在那孤零零地鼓掌……

而这个失败的丈夫，就是2011年在美国白宫记者年会上为美国副总统拜登讲笑话的，被誉为“喜剧界的姚明”的黄西。正如开头那个场景所描述的，黄西的喜剧之路一点都不平坦。但所幸，黄西是一个乐观而智慧的人，他懂得苦痛是上帝赐予自己的礼物，他懂得受过伤、流过泪后发出的微笑，正是上帝亲手刻下的幸福记号。

2011年11月，柴静在《看见》节目中采访了黄西，并将那期节目命名为《用幽默寻找自我》。我们不妨跟随柴静的脚步，一起来细致地了解一下这个从苦痛中寻觅幽默和自我的男人。

1994年，刚结婚不久，黄西收到美国莱斯大学生物化学博士的录取通知书，便毅然踏上了这片陌生的土地，他的妻子金妍也追随黄西而去。初到美国时，他们的境遇并不好，作为一个化学博士，黄西长时间都在研究所里，每天单调地做着科学实验，收入自然不高。为此，金妍甚至要到华人餐馆打工以补贴家用。看到本来应该跟着自己享福的妻子如今渐渐憔悴，黄西自责不已。黄西想起以前为妻子讲笑话的快乐时光，便给妻子讲了一个笑话：“一群萤火虫在空中飞，其中有一只不发光，另一只很好奇地问它怎么了？不发光的萤火虫回答：‘哎，上月忘交电费了……’”没想到，妻子听完却号啕大哭——那时，他们就像是交不起电费的萤火虫。

从此，黄西每天睡觉前，都要给妻子讲笑话，直到把妻子逗到哈哈大笑为止。后来，黄西还报名参加了一个笑话培训班。在笑话培训班里，黄西意外接触到了美国非常红火的脱口秀节目。培训班的老师告诉他："脱口秀有点像中国的单口相声，不过在美国娱乐圈，从没有从事脱口秀的华人。"黄西仿佛发现了一片新大陆，便把做美国第一个华裔脱口秀主持人的想法告诉了妻子，妻子自然是全力支持他的。

从那以后，黄西白天上班，晚上便去"笑话写作培训班"学习笑话创作，回家后，黄西便把自己创作的笑话说给妻子听，直到她露出笑脸为止。就这样，半年之后，黄西鼓足勇气，敲开了一家酒吧的大门，然后就发生了开头的那一幕……

痛定思痛，第一次尝试失败后，黄西开始更深入地观察美国人的生活，每天花大量的时间看新闻、美剧、娱乐节目，等等，一点点地理解着美国人的思维习惯和笑点所在。终于，2010年，黄西在全美喜剧节比赛上获得了冠军！之后，黄西的喜剧之路一发不可收拾，2009年4月17日，黄西受邀登上了美国著名的娱乐脱口秀节目《大卫·莱特曼秀》。短短6分钟，黄西竟赢得了20多次笑声和欢呼。从那以后，他的演出邀约不断，之后更是受邀去参加了白宫记者年会。

由于黄西讲的大多数段子都是自己作为第一代移民的亲身经历为笑料的，例如英语不好的尴尬、考驾照的坎坷，等等，美国媒体便把这称之为"一颗受伤心灵发出的微笑"。

柴静在采访完黄西后感慨道：既然一颗受伤的心灵发出的微笑都能如此暖人，那"健康"的我们为何还在抱怨不停呢？我们为何别人家庭优越、容貌出众、口齿伶俐，而自己却家境普通、相貌普通、口才普通？但想想黄西，他那带着浓重东北口音的英语都能在美国闯出一片天地，我们又有什么借口呢？

其实，每个人的生命里都会有裂缝，有苦痛。经过这些裂缝时，我们难免摔倒，难免受伤。但聪明的人应该知道，这些裂缝的意义不是让你哭泣，而是在你身上做好标记。当你在受过伤、流过泪后，还能温暖地笑出声来，那这个来自上帝的标记，就会成为你打开幸福之门的暗号。

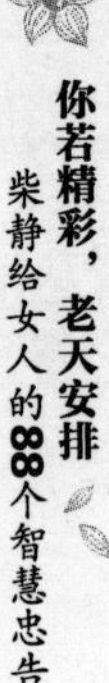

成长，带走的不只是时光

28. 强大不是因为征服，而是因为承受

一位哲人曾说过：“世界上最大的悲剧和不幸就是一个人大言不惭地说：‘没人给过我任何东西！’”许多女人都抱怨自己的处境艰难、身边的人情冷漠，可抱怨生活就如同赤脚在石子路上行走，我们走得越远，脚底就越痛，越痛也就越发抱怨，到最后，只能寸步难行。

乐观、释然、微笑才是一双结结实实的靴子。古语说得好：“天地有大美而不言。”生活里的快乐幸福也是一样。通过万花筒看世界，美得变幻无穷；通过污秽的窗子看世界，到处都是泥泞。我们的生命画布如何着色，取决于我们拥有一颗怎样看待世界的心。

2000年，柴静突然收到来自央视著名电视人陈虻的邀请，初见面时，心高气傲的柴静并没有表现得受宠若惊。陈虻开口问柴静的第一个问题就是：“你对成名有心理准备么？”柴静心想：“央视的人都这么牛气么？我偏不买账！”她淡淡答道：“我知道我能达到的高度。”陈虻似乎没见过这么硬气的年轻人：“你再说一遍？”柴静依旧淡然：“我知道我能达到的高度。”

陈虻看重柴静的才华，柴静也喜欢央视新闻评论部的自由氛围，但两人的相处，总带着一点点“火药味”。就在柴静将要进入央视，参与《东方时空》的主持之前，陈虻对她说：“你就是个网球，我是个网球拍，不管你达到什么高度，记住，我都比你高一厘米。”柴静哂然：原来这个男人这么“记仇”。

这样的故事从旁观者看来诙谐有趣，但作为身处其中的当事人，24岁风华正茂的柴静能够一笑置之，实在令人佩服。女人总是容忍不了自己受委屈，一旦她们觉得自己吃亏了，或者被打压了，就容易引起很大的情绪波动。于是，有一部分人会冲上去跟对方理论，宁可抓破脸，也要让对方明白自己的不满，让对方知道自己并非软弱可欺。还有一些女人则会暗自发牢骚，向朋友倾诉自己所受的委屈，进而在心理上渐渐排斥那个欺负她的人，发誓不再跟那个人有任何的来往。

其实，遇到类似的矛盾冲突时，在你冲上前理论的一刹那，你已经在生活的棋局上输了一盘；在你暗自发牢骚的那一刻，你也熄灭了生活中的一盏心灯。生活在一个圈子里的人，怎么可能不产生矛盾？他也许真的看轻你了，或者说话伤害到你了，但你不是一定要采取打破鼻子、抓破脸的方式来抗争。

生气不如争气，抱怨不如改变。这正如柴静在《看见》里所写：人的强大不是征服了什么，而是承受了什么。把对方对你的轻视看作是一种促使你向上的动力，做出成绩让他们看看，用事实证明他们的看法是错的，让他们自己去悔悟，这样往往要比你自己冲上去更加有效果。在这方面，女人要学学淡定的柴静。

著名女主持人陈鲁豫也有过类似的经历。陈鲁豫毕业找工作的时候，曾经接受过一个机场广播电台的面试。当她出现在面试官面前时，面试官一直在摇头，似乎在说，这样又瘦又小的形象怎么可能当主持人？陈鲁豫明白了对方的意思，也没说什么，默默地走开了。可是，若干年后，陈鲁豫以其独特的主持风格，在凤凰卫视闯出了一片天地。是的，面对轻视，

抱怨和抗辩是没有意义的，只有行动才能改变别人的观念，也改善自己的境遇。

没有人的一生是完全平坦的，面对崎岖，不管是轻视，还是否定，抑或是打击，唯有调整好自己的心态和脚步，才能慢慢找准下脚的节奏，对人生之路熟稔起来。那些轻易被激怒，不懂得用事实说话的女人，往往就在一次次的跌倒和抱怨声中，渐渐失去前进的欲望和能力，最终成为路边的一朵残花。

不如听听柴静和陈鲁豫的劝诫吧：在崎岖的路上不忘积极进取，在受到质疑时执著坚持，与其生气不如争气，与其翻脸不如翻身，用你的实力赢取别人的尊重，这才是一个成功而快乐的女人。

29. 过于争强好胜只会让人望而生畏

现代社会中，“女强人”越来越多，她们的果敢与坚强能与男人分庭抗礼，可过于争强好胜则会让人望而生畏。相反，那种只会一味柔和甚至依赖于别人的女性，则让人产生心累的感觉。女性只有温柔与坚强兼备，才是最理想的状态。

如果说坚强是一朵盛开在太阳下的向日葵，那么温柔就是一朵起舞在月色下的夜来香，不同时间的吐蕊，演绎着不一样的精彩。只要是能够为我们的生活增添美好的花朵，我们就会期待它绽放。

柴静虽然文静柔弱，但她刚毅纯真，低调沉稳，处变不惊，同时又不失女性所特有的温柔、细腻和善良。在采访中，柴静能够把握好纪实新闻的严肃与人性中的温柔。

2003年6月的一天，柴静和同事坐在武威开往双城镇的车上，绿色的田野从车窗掠过，可柴静的心情却十分沉重。就在5月下旬，双城镇6名学生连续服毒，2名死亡，4名获救。而且6人中除一名中学生外，其他均小学六年级的学生。获救的孩子面对大人的询问和记者的采访，都选择了沉默。是什么原因让这些孩子选择了这种极端的方式？

这是柴静要探寻的谜底。

在接下来的几天里，柴静和同事进行了大量细致的采访，让那些一直保持沉默的孩子们讲出了心里话，最终拨开疑云，解开了谜团。

尤为难得的是，柴静把青少年和成人对死亡和生命的不同理解放在一起加以对照，用温暖的关怀和理解的光芒照亮了少年们敏感而复杂的内心世界。

在这期名为《双城创伤》的节目中，有一段画面非常打动人。在一个种着花草和蔬菜的农家庭院里，柴静采访了服毒自杀女孩苗苗的表弟。柴静和被采访者呈现在画面上的都是剪影，背景中可以看到大西北光线流动的天空。之所以没有用常见的马赛克做简单化的处理，是因为在柴静看来，用马赛克不仅不尊重人，而且在拍摄手法上限制了摄影师的想象力。

这个小男孩拘谨地坐着，透露出内心的痛苦和不安，柴静身体前倾，轻声与他交谈。采访即将结束时，男孩泪流满面，哽咽着说不出话来。柴静对摄像师说，可以了。但是摄像师并没有关机，而是录下了一段感人的画面，并保留在了播出的片中：柴静蹲下身去，关切地用手拭去孩子脸上的泪水……

柴静是坚强的，同时也有感性的一面。她用一颗纯真的心去感受，使新闻不再冰冷和漠然，而是有了温暖人、打动人的力量。

温柔不等于无力，古之兵法上有“以柔克刚”的艺术，老子认为“柔弱胜刚强”，他说：“天下莫柔弱于水，而攻坚强者莫之能胜，以其无以易之。”这句话的意思是说，天下没有比水更柔弱的东西了，但是任何坚强的东西也抵挡不住它，因为没有什么可以改变它柔弱的力量。

温柔、可爱、含蓄等，这是女性最基本的气质表现。莎士比亚曾说：“女人，必须温柔，否则我不敢接受。”这个来自男人的观点十分具有代表性。女人要善于运用自己的智慧，展示自己的温柔。

德国总理安格拉·默克尔是战后第三位连干三届的德国总理，其间遭遇全球金融危机和欧洲主权债务危机，她因带领欧洲最大经济体德国克服困难，使德国更加强大在国内备受赞誉。她从“小姑娘”成长为“铁娘子”，是继英国首相撒切尔夫人之后，影响欧洲政坛的一位重要女性人物。

安格拉·默克尔在德国政坛上彰显智慧与手腕，她的嘴角总带着神秘的笑容，显得含蓄又让人捉摸不透，她在德国历史上书写着自己辉煌的一页，展现着一个政治家的从容淡定、严谨犀利，却也不忘带给世人她的俏皮与可爱、温柔与朴实。她是一位政治风云人物，可她又是一位温柔可亲的女性。

2006年世界杯期间，默克尔看望德国队队员，并和小伙子们一起用餐，说笑，拍合影，简直就像他们慈爱的母亲。

她不但十分亲民，在家中也是位合格的主妇。从总理府下班回到家后的默克尔，也会列好超市购物清单交给丈夫去采买，甚至有时她本人也会光顾超市，引来一些顾客热情地主动帮她选购。而且身为总理的默克尔很喜欢烹饪，有时会为丈夫准备早餐，为的是让他在出门前享受到可口的食物。

无论是风云人物还是普通主妇，女人永远要保持柔美的一面。正如撒切尔夫人所说：“女人一生所犯的最大错误是忘记了自己是个女人。”这些都是对女性基本气质的描述。

女人的温柔与坚强并不对立，刚与柔互相补充，使恰到好处，才更具有魅力，过于强硬的女人反而让人望而生畏。每位女性都是独一无二的，她们在体貌、性格、天赋、爱好等诸多方面都各不相同。但女人只有坚强自信和柔韧，即使面对变幻无常的环境与压力，她们也不会丢掉自己温柔的微笑。

30. 虚心让你少走很多弯路

点拨与劝告就像我们旅途中的指示标，指引我们朝正确的方向前行，让我们遇见美景。虚心聆听别人的声音，接纳别人诚恳而有见地的劝告，是避免我们误入歧途的指南针。

2013年2月，新疆发生了大地震，柴静突然接到通知，与同事一起前往新疆喀什做采访报道。当时情况紧急，随行的记者和地震局的工作人员同乘噪声很大的军用运输机，条件十分艰苦，机舱内装满卡车等一些物资和许多只搜救犬，柴静坐在一只废旧轮胎上，经过五个多小时的飞行后，在半夜三点多钟到达喀什，又坐上军用卡车一路颠簸四个多小时到达伽师地区。

站在这片震后的土地上，柴静心中一片茫然，6.8级的地震，让喀什噶尔平原看上去空空荡荡。一群男子围成一圈，阿訇站在中央，为盖着白布的死者念诵《古兰经》；女人们正在找大石头，在空地上架锅做一点吃的；一个老大爷光着一只脚，另一只脚上穿只解放鞋，拄着拐走了两里路，从卡车上翻找出一只旧黄皮鞋，端详一下，套在脚上走了。

如果这会儿是在演播室，对柴静来说，这场地震造成的灾难只是一个需要完成的新闻，也许她只关心播报赈灾的数字是不是流利，但当她站在刚发生地震不久的这片土地上时，柴静终于明白了之前陈虻对她讲过的话——“去，用你的皮肤感觉新闻。”

柴静曾说，“这地震把我从演播室震出来，震到了地上。”

这一“震”使柴静抖落了之前覆盖在身上的那一层细沙，带着陈虻给她的忠告，在以后的新闻采访中，柴静感同身受般认真接近每一个受访者的心，以一种焕然一新的采访姿态出现在镜头之中。

回到北京后，一位从来不理柴静的节目策划在食堂里端一盆菜坐到她对面："现在终于可以跟你说说话了，节目有人味儿了。"

这次节目是柴静蜕变的开始，她的思想逐渐走向成熟，她的风格也更加接地气、贴近民生。工作中的洗练和打磨，慢慢淡化了曾经的天真，走向沉稳和从容。

只有谦虚的人才能够听得进别人忠告，即使取得很大的成就，他们也不自满、不傲慢，因为他们的目标更高远，心胸更宽广。古希腊的著名哲学家苏格拉底，不但才华横溢、著作等身，而且广招门生、奖掖后进，运用著名的启发性谈话启迪青年智慧。每当人们赞叹他的学识渊博、智慧超群的时候，他总谦逊地说："我唯一知道的就是我自己的无知。"有智慧的人是清醒的，知道虚心可以使自己少走很多弯路。

柴静感言：她的进步离不开朋友们的箴规和指正。常会有朋友打电话告诉她收看节目后的感受，告诉她有哪些不完美之处。一次节目播出后，编导牟森给她打电话说："柴姑娘，你可别再笑了，你一笑就不性感了。"这虽是在开玩笑，但柴静明白，他是在让自己保持一个新闻人应该有的冷静和客观。正是身边有许多认真对待自己的缺点和不足的朋友，才会让自己清醒面对前方的路。

面对忠告时，我们应该虚怀若谷，因为，这种诚恳的劝告是多么来之不易，肯在意我们的人，又是怎样的用心良苦。

明末清初的学者朱舜水曾警告后人："满盈者，不损何为？慎之！慎之！"言辞恳切，可见对谦虚的重视。不管是谁，都渴望不断完善自我，也许都曾梦想有一天会像蝴蝶一样，在这个繁华的世界里，翩翩起舞。生命的旅程，漫长又短暂，我们的奋斗，艰辛又甜美。一个人的成长与蜕变，要不断地经受与自己的抗争，在进取中获得新生。再渺小的生命，被理想激励后，便变得强大，在时机成熟后，终将展翅高飞。在为理想奋斗的过程中不要忘记倾听别人的箴言，因为智者的忠告会为你助力，让你早日展开彩色的翅膀。

31. 不事张扬，才是最重的分量

有人说，智慧的心是一座庙宇，和善的心是一间温室，渊博的心是一间讲堂，恢弘的心是一座宫殿，而低调的心是一座自己精心建造的林间木屋，金色阳光、花香鸟语，映入我窗。

低调是一种很高的精神境界。低调的人会控制自己的情绪，对人对事，不会凭一己之见，出口伤人，而是以平和的心态，冷静面对。人大多有贪欲和虚荣之心，为了这种显示与招摇，迷失于物质之中。低调的人懂得人生的幸福不仅仅在于你拥有多少物质上的东西，而在于人的心。

低调的人懂得包容的分量。林则徐出任两广总督时，在总督府衙题书堂联："海纳百川，有容乃大；壁立千仞，无欲则刚。"无数后人引为金石之言。可见，低调的人懂得修炼自己的心。他们总是一种进退自如之姿，看似平淡，实则有高深的处世谋略。无论大智若愚，还是韬光养晦，都是一种清醒。他们不争声望与虚名，他们只把自己该做的事做到无可挑剔，一些评论与纷扰似乎与他们无关。

作为一位知名记者和主持人，柴静显得非常低调。同事称柴静不管是对于工作，或是在生活中，并不强势，反而更喜欢聆听："柴静就是一个很真实的人，没有焦虑，也没有被动，好像没有弱点。比如讨论选题，她不会努力去说服你，她更多是听同事们的选题和意见，然后提出自己的想法，完了回去自己做功课。"

生活中的柴静更是不事张扬，从新书大卖，到幸福成婚，再到喜得千金，无论外界炒得如何沸沸扬扬，她却依然故我，安安静静。

低调的柴静早已超出了自我的狭隘，心胸更加广阔平静。《人物》记

者对柴静讲："范铭说，你曾说过，我不要求别人喜欢我，但我希望别人尊重我。"柴静回应道："如果我很久以前跟她说过那样的话，现在我的想法也改变了。我觉得被人尊重也不重要，为什么一定要被人尊重，老有一个'我'的想法呢？放弃这个被放大了的'我'，并不意味着就泯然众人了，而是说，现在的这个'我'本身就更大，能包容下更多的东西了，因为以前冀求的'尊重'已经变得理所当然、唾手可得了。"

从个人成长的角度看，能够说出"为什么一定要被人尊重"的柴静，心智无疑更加成熟了。也许，经过十多年的打拼，经过一路攀登，柴静终于站到一个更广阔、更自由的平台上，她的心态更自然更平和了。这样的心态，是奋斗与修炼的结果。

从柴静身上，我们清晰地看到，低调处世显示了一个人的智慧。智慧不等于智商，在生活中，我们看过太多智商高而情商低的人如何遇挫和受伤。而智慧是智商与情商的完美组合，是心智成熟的人安然与从容的根基。总想惹眼的人，很难感到快乐，因为他们把幸福交到别人的手上。而低调的人，却懂得维护自己，以大智立于生活的风浪中，享一份悠然而娴静。

生活再难，别忘腾只暖手给世界

32. 仁爱的心能看到更多的美好

一次，在打车时，司机师傅想抽烟，掏出烟后担心柴静抱怨，便又收了起来，如是几次。柴静是十分讨厌烟味的，但她看师傅的样子实在难受，便主动说道："给我一根吧。"她用这种润物无声的方式去体恤别人，让人有种"春风化雨的感动"。

善良仁爱之于人生，就如水与万物。没有一个人不知道水的力量，水可载舟，亦可覆舟。水的特质是柔性，所以水可包容万物，水倒入沟里，可让水沟疏畅；水冲入马桶中，可冲去污物与臭气；水喝入口中，可解渴；水浇在草木中，草绿花香；水用来洗脸洗手，可洗尽灰垢。不言而喻，心的友善就如水的柔性，它可以让人变得越来越强大，可以让人生变得越来越美好。

遗憾的是，生活中很多女性对别人常抱有一种敌对情绪，不懂得像柴静一样用一颗向善之心拥抱生活，这样对己对人都是极为不利的。相反，拥有一颗向善之心的人才会让自己的形象更加深入人心，所有的美好也都将眷顾于她。

那是一个秋天，有个刚做完手术的孩子，他的眼睛上还蒙着纱布，等待光明。

一天，他摸索着来到了医院后院，坐在一棵大树下。他在黑暗中幻想着将要看到的五彩世界，同时又担心手术不成功。一片树叶飘到了他的头上，他随手一摸，拿到手里，自言自语地说："这是杨树叶，还是……""是杨树叶。"一个低沉的声音传过来，接着一双大手摸到了他的脸上。"小朋友，几岁啦？""12岁。""你眼睛不好？""啊，从小就有毛病。伯伯，你说这世界美吗？"

"美啊！你看，这天空是蓝色的，这远处的山雄伟挺立，那云朵洁白可爱。在咱们对面有一泓清水，水面上浮着粉红的荷花、碧绿的荷叶。这四周绿树成荫。嘿！那边不知是谁在放风筝。你听，这树上的小鸟在叫，你听见了吧？孩子！""我听见了。"盲童的脑海中出现了一幅幅美丽动人的图画，他沉浸在欢乐中。蓦然，他抓住那个人的手问道："伯伯，我的眼睛能治好吗？""能，能！孩子，只要你认真配合医生治疗，就会好的。""真的？""真的！""那边是什么？还有那儿？""那边呀，是……"

以后，就时常看见这两个人在谈话。

过了一段时间，这个盲童终于拆了线，他看到了光明。当他适应了刺眼的阳光后，便跑向了后院。

他跑到那个黑暗中给予他欢乐的地方，用他那明亮的双眼向四周一望，他愣住了。原来，这里没有花木，没有清水，没有大山，有的只是一堵墙壁和一棵老树。在残秋冷风中坐着一个老人，他戴着一副墨镜，身边放着一根探盲棒。老人捧着一片杨树叶，在低低地说着什么。

以后，在这所医院里，经常可以看到一个少年拉着一位失明的老人，用他刚刚获得光明的双眼，向那位曾给过他一片光明的老人诉说。

只要在关爱中相互扶持，生命就是一个最美的童话。故事中那个失明的老人，那个12岁的小男孩，他们都有一颗金子般的美好心灵，他们的行为让我们感动。

一个人内在品质影响着她的人生，她的未来。即使[illegible]尚，才华出众，声名远播，但如果没有一颗美好的心灵，那你也[illegible]得别人的真情。假使你有朋友也不过是酒肉之交罢了，酒足饭饱[illegible]是陌路人。而如果你有一颗仁爱之心，世界将会把最美好的东西[illegible]的面前。

33. 懂得去爱，才会被爱

英国作家巴克莱说过：“幸福的生活[illegible]缺少的因素：一是有希望，二是有事做，三是能爱人。”能[illegible]一件简单的事，因为它有违我们趋利避害的天性，但活在这个[illegible]尘世里，要想收获能支撑自己前行的温暖，就必须先给它注入你自己的爱。

去爱世界，世界才有机会来爱你。

2011年8月，著名演员姚晨在《看见》栏目中接受柴静采访时也表达了类似的观点。

在担任难民署中国区代言人后，姚晨开始在自己的微博上做宣传。柴静问她：“也许有人会问你，不管你是明星还是一个普通人，短促的探访对于难民来说，对于你自己来说，都不可能带来更多本质性的变化，去做这一事情的意义又在哪呢？”

姚晨回答：“我无数次地问过我自己，我还能为难民做些什么，但是他们也会不断地告诉我说，你就是一个载体，让更多的人来关注他们，因为有关注了才会有行动，有行动才会有改变。”

柴静接着问道：“也许你身边的朋友会说，姑娘，你走了一条很笨重

的路，对你不讨好，你干吗啊？”

姚晨笑笑，说：“是挺笨的，但我没有觉得聪明对一个女人来讲是最重要的，我觉得可能善良对一个女人，反而是最重要的一种品质。”

柴静感慨：也许正是姚晨对善良的这份坚持，才使得她在微博上拥有超高的人气，甚至被人称为“微博女王”。

当然，我们无法要求每个人都像姚晨一样心怀悲悯，一直以善良自省。但是，柴静提醒我们：有一样东西一定要向她学习，那就是一颗“会爱的心”。

当我们第一次睁开眼，看到这个处处都充满奇迹的世界时，我们的内心是喜悦而满足的。我们并不知道为什么会有这么美好的世界存在，但我们只要用心去感受，就能发现一切是如此奇妙与温暖，包裹着我们的一切都给我们带来了深深的满足和安全感。

这种感受如果能够持久，就叫做爱，也叫感恩。爱和感恩本来就是我们最初感知世界的方式，也是我们最初的生活方式。当我们感受到从五彩的云朵中升起的充满生机的太阳、炎热的夏天不经意拂来的习习微风、蔚蓝辽阔的天空上缓缓游动的白云、波光粼粼的湖面上安详地游泳的水鸟……我们会自然而然地爱上这个世界，并心怀感激。这种爱的感激还会让我们在面对每个人、每件事物时，都变得轻柔而温暖。

当然，并不是每个女人生来都能安然地享受这样的美好，不是每个女人都会自然而然地去爱，去感激。可是，倘若一个人在遭受了常人难以忍受的折磨后，仍然能对一切心怀感恩，那我们还有什么理由不这么做呢？

“我的手指还能活动，我的大脑还能思维，我有终生追求的理想，我有爱我和我爱着的亲人与朋友。”在一座金碧辉煌的大厅里，当代科学大师霍金的学术报告刚刚结束，听众们还沉浸在那闪烁着思想火花的精彩绝伦的报告当中，一名记者对霍金提出了这样的问题：“霍金先生，你已经因为疾病被永久固定在轮椅上，你不认为命运让你失去了太多了吗？”霍金脸上充满微笑，用他还能活动的3根手指，艰难地叩击键盘后，显示屏上出现了前面的那几句话。最后，霍金又艰难地打出了这样一句话：“对了，我还有一颗感恩的心！”

多么可贵的感恩之心！也许，正是这颗饱尝苦难却依然纯净的，会爱的心，才让霍金不断发现着宇宙最深的秘密。

这个世界就是这样，你懂得了去爱，也就收获了被爱的机会。用柴静无比崇敬的特蕾莎修女的话来说也许更温暖而深刻，那就是：“一切的一切，都不是你和他人的事，而是你和上帝之间的事。”

34. 冷漠不是成熟，不要失去“微笑”的能力

有一位女性，来到大都市之前，她是一个阳光快乐的小女孩，见人就微笑，每天阿姨叔叔的与小区里的人打招呼。认识她的人都夸她懂事，一些热心的老太太还给她张罗着介绍对象。然而短短的两年，她由原来的清新淡雅变成了现在的浓妆艳抹，一出口便是污言秽语，遇到老头老太太们也不问好了，人家跟她打招呼她也是爱理不理的。看到她前后如此大的变化，周围的人都感到惊诧。

知道底细的人清楚这都跟她的一次恋爱经历有关。来到大城市后不久，她遇到了一个比她大五岁的男孩，很快他们恋爱了，但当她爱他爱得死去活来的时候，他爱上了别人，他说他喜欢成熟的女人。

他的一句借口的话改变了她后来的人生，她学着那些“成熟”的女人一般抽烟、喝酒、浓妆艳抹、斜眼看人，没有了以前的简单，也没有了以前的快乐，人心自私冷漠了，性情也彻底改变了。

不得不说，故事中的这个女性实在愚笨得可以！

成熟，不是冷漠，不是心在变老，而是泪在转、微笑依旧。但是如今因为生存环境、价值取向、情感定位、工作节奏以及各种的外因导致了人与人之间的功利性，不但普通人之间，就连爱情与婚姻也蒙上了一层厚重的冷漠化的俗性。熟识的人有用才理，弟兄姊妹除了张口求助则形同陌路，孝敬父母浪费时间，陪妻带儿没有经济价值……冷漠充斥了各个角落，办公室里、马路上、超市里，甚至家里，我们对许多抬头不见低头见的人，习惯着“视而不见”，习惯着举起报纸或手机，习惯着将眼睛埋在规范的宋体字里，而不是人们鲜活的脸庞、悦耳的声音里。也就是在这样的日复一日里，我们变得越来越冷漠，以至渐渐失去了“问候”和“微笑”的能力。

柴静在《看见》里写道：只有你的内心先对别人袒露，才会得到别人的心灵，我希望自己永远都可以这样。她是这样说的，也是这样做的。柴静没有世人的冷漠，她拥有热情，对生活充满希望，对贫苦之人心存怜悯。在她的博客里有这样一个故事：

一辆公共汽车在林肯公园里行驶了几公里，可是谁都没有朝窗外看。乘客们穿着厚墩墩的衣服在车上挤在一起，全都给单调的引擎声和车厢里闷热的空气弄得昏昏欲睡。

谁都没作声。这是在伦敦搭车上班的不成文规矩之一。约克每天碰到的大都是这些人，大家都愿躲在自己的报纸后面。此举所象征的意义非常明显：彼此在利用几面薄薄的报纸来保持距离。

公共汽车驶近一排闪闪发光的摩天大厦时，一个声音突然响起：“注意！注意！”报纸嘎嘎作响，人人伸长了脖颈。

“我是你们的司机。”

车厢内鸦雀无声，人人都瞧着那司机的后脑勺，他的声音很有威严。

“你们全都把报纸放下。”

报纸慢慢地放了下来。司机在等着，乘客们把报纸折好，放在大腿上。

“现在，转过头去面对坐在你旁边的那个人。转啊。”

使人惊奇的是，乘客们全都这样做了。但是，仍然没有一个人露出笑容，他们只是盲目地服从。

约克面对着一个年龄较大的妇人。她的头给红围巾包得紧紧的，他几乎每天都看见她。他们四目相接，目不转睛地等候司机的下一个命令。

“现在跟着我说……”那是一道用军队教官的语气喊出的命令“早安，朋友！”

他们的声音很轻，很不自然。对其中很多人来说，这是今天第一次开口说话。可是，他们像小学生那样，齐声向身旁的陌生人说了这四个字。

约克情不自禁地微微一笑，完全不由自主。他们松了一口气，知道不是被绑架或抢劫。而且，他们还隐约地意识到，以往他们怕难为情，连普通礼貌也不讲，现在这腼腆之情一扫而空。

他们把要说的话说了，彼此间的界限消除了。“早安，朋友。”说起来一点也不困难。有些人随着又说了一遍，也有些人握手为礼，许多人都大笑起来。

司机没有再说什么，他已经无须多说。没有一个人再拿起报纸，车厢里一片谈话声，你一言，我一语，热闹得很。大家开始都对这位古怪司机点点头，话说开了，就互相讲述别人搭车上班的趣事。

大家都听到了欢笑声，一种以前在公共汽车上从未听到过的热情洋溢的声音。

在匆忙而冰冷的城市里，这样的公交，也许是每个人都愿意乘坐的吧。其实，“狡猾”的司机也许只是忍受不了人们日复一日的冷漠和麻木，想帮他们透一口气罢了。没想到，这一口新鲜而温暖的空气，足以让他们呼吸很久，很久……

冷漠不是成熟，我们更需要的是热情，面对生活，我们不能把它变得麻木冷清。对一些女性而言，更是要懂得这一点，所以，要像柴静告诉我们的那样，永远做一个对世界保持好奇和关心的孩子，与身边的人和事，

发生纯粹而温暖的联系。只有当我们学会自然的“微笑”与“问候”时，我们才有资格说自己懂得了爱和被爱，才算真正地成熟。

35. 以关切的目光看到别人的存在

在《给我签个名吧》里，柴静这样写道：“其实在别人本子上签字，对我来说总有一种隐隐的羞耻感。柴静，这个名字只属于我自己，我从小歪歪斜斜地写在自己作业本上，长大了最多签在要报销的发票背面，但是要把它写在陌生人的书上，或是本子上，留在那儿，在我看来，再荒诞不过。”

柴静从没把自己当做明星，她认为自己只是一个尽职的记者、主持人，所以给别人签名时，她要“克服内心相当的不适”。但是，柴静并没有因此立下不签名的规矩。她解释说：“我一直记得，在我十四五岁的时候，我曾经写信给一个台湾电台的主持人，希望他帮我要一个郑智化的签名，我有点记不清为什么那种情感会那么强烈，但我记得我每天去邮箱前等，心怦怦跳。一直等了半年，才死了心。今天这些签名，大部分，一转头就会被撕下来丢掉，但我仍然会在形形色色的递过来的纸上潦草地写下我的名字。因为我不知道人群中有没有一个，因为被拒绝而会感到刺痛的孩子。”

这就是柴静，一个时刻把关切的目光放在别人身上的智慧女人。她的一举一动没有振聋发聩的誓愿，没有漂亮的捐款照片，只有在点滴之间，为某些素未相识的人，保留一份希冀和温暖。在这浮华尘世，为别人也为自己点燃这么一盏也许很微弱却可以长明的暖心灯，是每个女人都应该向柴静学习的处世秘诀。

可惜的是，柴静的这种温润的处世之道，很多女人只会欣赏，却不会主动借鉴。因为在她们看来这意味着付出，意味着“损失”，不如做一个聪明实际的女人，在别人收获美名时，自己收获切实的利益。对这种价值观，我们不必品头论足。只是，事实真的像她们所想的那样吗？有句话说得好：“聪明只是天赋，善良却是选择。”有能力选择善良的女人，绝对不会比天生“聪明”的女人缺乏幸福的资本。因为，后者的这种趋利避害的“聪明”严格来说只是人的本能，而一个处处以本能为标准行事的女人，不会一直受到人们的青睐。

正相反，那些“愚笨”地选择善良的女人，却更容易在收获满心欢喜的同时，收获周围人的信任和支持。在柴静新书《看见》的发布会上，白岩松、崔永元、张立宪、罗永浩等各界名流都赶来为她助阵。要知道，他们当中有很多都是不怎么参加应酬的低调人士，但却愿意为了柴静而集体出现。柴静究竟有怎样独特的魅力呢？他们在发言中不约而同地提到：自己最欣赏的，就是柴静身上的这份善良。

所以，在为人处世上，真正聪明的女人应该学学柴静，不要只看到眼前的利益得失，还要能看到别人的存在。如果我们做事之前都能多想想别人，多顾虑一下别人的感受，以一颗善意的心来行事，也许就会使一颗在寒冬中挣扎的心享受到春的明媚。某一天，他也可能回过头来，向你伸出温暖的双手。

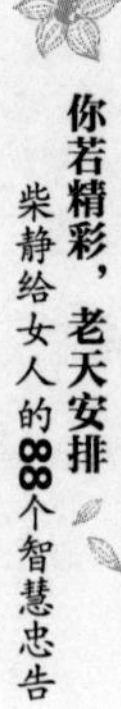

爱是女人一辈子的修行

36. 走得再远，也别忘记为何出发

多年走南闯北的生活，让柴静见识了许多城市，也见识了许多女人，她发现，不同城市里的不同女人，都有着相同的迷茫和困惑。

不论在北京、上海、广州还是成都，许多女人都困惑于：城市对她来说究竟意味着什么？是一个熟悉的地名，是一条走了许多年的街道，还是一段回不去的时光？是父母的亲切叮咛，是朋友的欢声笑语，还是爱人的甜言蜜语？是每个早晨的车水马龙，是每个午后的昏昏沉沉，还是每个夜晚的灯火辉煌？是一个还没开始的梦想，还是一个已经破碎的愿望？

城市——这张五彩斑斓的蛛网上，谁也不知道自己究竟是幸运的蜘蛛还是倒霉的飞虫，唯一可以确定的是：每个女人的青春、纯真和美好，都将在一天天的觅食或被食里，遗失殆尽……毕竟，微薄的薪水，干瘪的荷包，也许连最简陋的生活都负担不起吧。

不过，柴静提醒女人：城市里的梦想虽然过于昂贵，但生活中的温暖却俯拾皆是。家人的几句宽慰，朋友的几个拥抱，都能给予我们深深的慰藉和感动。遗憾的是，城市却似乎连这点安慰都不想留给女人，所以我们看到，那些在上班时侃侃而谈的人，回到家却疲惫懒言；那些在聚会应酬时笑容满面的人，面对亲友时却麻木冷淡。这些充斥在城市各个角落的“下班沉默症”患者，就像一座座冷漠的城市本身，只知道在炫目的霓虹灯里茫然地向前狂奔，却忽略了家里那盏，最初，也是最暖的灯火。

悲伤之余，女人不禁要问：难道这一辈子，就要在这样的无奈里踽踽独行吗？城市这张通往迷茫的地图，是否还藏着其他隐秘的出口？

柴静在《夜色温柔》中遇到的一个听众，也许能给我们带来一些启示。

她的名字叫冯玲，和每个普通女人一样，忙忙碌碌，默默无闻。在一个如往常一样无聊的周日午后，冯玲照例陷在沙发里看电视，当所有的台已经被她切换了三次以后，她终于有点趣味索然，便随手翻开了家庭相册。在看到一张与老公的合影时，她忍不住笑了出来：一米八的他肩上背着一个极不协调的女包——那个包自然是她的。笑到一半，冯玲却突然感到有些心疼，她想起两人第一次逛街的情景：见面，微笑，点头，还没握手，他就在第一时间把她手里的包接过去挂在自己肩上，似乎这是天经地义的事，当时冯玲就有一点小感动。

只是结婚后，冯玲像所有白天忙于工作，晚上回家就往沙发或床上一瘫的白领一样，渐渐忘记了那些温暖岁月里的动人瞬间。更让此刻的冯玲感到惭愧的是，从那以后，只要两人在一起，所有的包都是他主动揽下，而她对此却只是习以为常，不再感动。也许，这也是“下班沉默症”的后遗症之一吧，让我们在不断的重复里，对幸福的嗅觉不再灵敏。

晚上，她打进了《夜色温柔》的热线，向柴静倾诉自己的愧疚和无奈。柴静没有过多地帮她分析，只是建议她：“如果你已经不习惯表达情感，那就试着换个表达方式。”冯玲灵机一动，找来纸笔，给老公写了一封浓情满满的信。结局自然是欢喜的，收到信件的丈夫十分感动，两人一起回忆起从前的温暖和甜蜜，那份尴尬的沉默也烟消云散。

在《看见》一书中，柴静写了这样一句话：不要因为走得太远，忘了

我们为什么出发。的确，即使走得再远，也别忘记自己为何出发。理想如此，爱情亦是。

冯玲的爱情故事就像我们大部分人的生活一样，并没有什么惊天动地之处，有的只是无数细小却暖人的瞬间。只是，人们往往只记得馥郁的鲜花和香浓的巧克力，却忽略了那些真诚的拥抱和不经意的搀扶。久而久之，我们就渐渐失去了感受幸福的能力。最后，当鲜花和巧克力都不能再让我们开心，当戒指和项链都不能再让我们满足，我们还剩什么值得回忆一生？

不如让我们学学冯玲吧，用甜蜜的回忆将沉睡的心唤醒，再用懊恼的泪水将心头的冰冷融化。下班了，闲暇了，就忘掉捆缚我们的那张蛛网，扔掉拖拽我们的那张地图，把自己的一切，都交还给家人和朋友……

总之，别让良辰辜负美景，别让青春辜负流年，别让这颗心，辜负那些一直注视着你的人。

37. 再美的旅途，也不如回家的那段路

15岁时，她写信告诉他，她和父母吵架了，他回信安慰她；18岁，她写信告诉他，她考上大学了，他回信赞许她；21岁，她写信告诉他，她失恋了，他回信鼓励她；24岁，她写信说她要结婚，他回信祝福她；27岁，她写信说她要当妈妈了，他回信恭喜她；30岁，她写信说她讨厌的父亲去世了，他却再也没有回信……

这是网上流传的一则让无数人潸然泪下的小故事，不管是否真有其事，至少它促使我们又想起了那个可能已经被我们习惯性遗忘的人——父

亲。当然，何止父亲呢？母亲也是我们生命里最初也是最重要的人。

柴静在《用我一辈子去忘记》里提到过这么一件温暖的小事：那天，她陪着一个5岁的小女孩在车站玩耍，突然下起了雨，柴静忍不住蹲下身来护住她。在碰到小女孩肌肤的刹那，柴静突然被某种柔软的东西击中了，她说："忽然明白什么叫做爱如己出。"她想起了父母对自己的呵护，想起了被家人庇佑的温暖，于是感慨："因为对一个孩子的无限疼爱，才明白了父母对曾经弱小无知的我生死不舍的深情。"

那天晚上，柴静恰好看到一位听众在信中抄录了这么一句话："假使有人为了爹娘，百刃千刀，一时刺身，于自身中左右出入经百千劫，犹不能报父母身。"柴静说自己对此有种"心如刀割"的共鸣。

其实，关于父母恩情的故事，这世上比比皆是：在古老的印度，人们无钱医病，将死的时候就要喂狼。当一个年轻人背着母亲往深山里走的时候，母亲随手折下枯树枝丢到道上。年轻人有些诧异，询问母亲折树枝的缘由。母亲说："孩子，我怕你迷失了回去的路。"年轻人听了母亲的话，瞬间湿了眼眶，便又把母亲背回了家。

母亲永远是这么伟大！在她临死的时候心里装的还是自己的孩子。一次不经意的"折枝"，只是她无数关怀里的小小插曲。柴静感慨：我们自己的父母，不也和那位默默给女儿写信的父亲，和这个为儿子折枝的母亲一样吗？我们只需要稍稍静下心来，就能回忆起一大堆琐屑却温暖的细节：一桌你爱吃的菜，几声你讨厌的叮嘱，一次晚归时的留灯，多少离家时的倚门……

所以，柴静说：家庭，才是人生的最大价值。再美的旅途，都不如回家那段路。

但是，在采访经历中，柴静发现，并不是每个人都能明白父母的辛劳和不易，懂得报以珍惜和关心。曾有一位家境贫困的大学生，坚持求学，这本是好事。然而，当家庭出现变故，父亲去世，弟妹年幼，他却依然坚持要继续深造读研究生，母亲无奈只好去卖血。这位自私的学子遭到了

许多人的鄙夷，求学的路如此漫长，是一生一世的事业，又何必系于现在的一纸文凭？自己的深造要用母亲的鲜血灌溉，他却能如此无动于衷，实在令人不齿。父母或许会对你说："只要对你好，我们愿意付出我们的一切，不必为我们考虑太多。"但倘若我们便以此为由，肆无忌惮地把经济、精神枷锁都套在他们身上，那我们最后只会被整个社会遗弃。

当然，大部分女人不会残忍到像那个大学生一样逼迫自己的父母，她们只会在重重的生存压力下，有意无意地忘记他们。而这样的遗忘，对父母来说，也许是更大的残忍。我们都害怕孤独，却无情地把寂寞丢给父母。还记得上学的时候，每当开学前，父母总会千叮咛万嘱咐："以后每个星期打个电话回家啊！"最后，却只有在生病或缺钱的时候，才会想起家里的电话号码。工作之后就更不用说了。当他们用尽半生将一个小不点培育成或挺拔或苗条的我们时，最后却只收获了冷清的门厅。

所以，柴静提醒女人：当我们在纷繁的社会里寻找属于自己的理想时，当我们在广袤的天地间寻求属于自己的幸福时，当我们在心灵的深处不断诘问关于世界和自己的存在意义时，我们是否忘了，有人正在家里耐心地等着我们回去？即使我们在外找得再匆忙，甚至丢了家里的钥匙，依然会有人给你开门，给你温暖的慰藉。那就是，我们的父母！我们的家人！

38. 莫因琐碎的生活而忽略了朋友

友谊对人生是不可或缺的。如果没有友情，生活将缺少悦耳的和音。在没有友情的人群中生活，那种苦闷不言而喻。心灵犹如一片荒漠，而友谊却如甘露，可令沙漠生出绿洲。

纪伯伦说过："你的朋友能满足你的需要。你的朋友是你的土地，你怀着爱而播种、收获，就会从中得到粮食、柴草。"但是现在很多女性因为爱情、家庭、孩子忽略了朋友间的往来，无事时也不会觉得有什么异样，而一旦遇到无助、满腹心事想找人诉说时，才发现朋友都没了音信。所以，聪明的女人一定要记得别因为生活而忽略了朋友。

1992年，柴静16岁，到长沙铁道学院（现中南大学）读书。在那里，柴静和高蓉成为好朋友。柴静和高蓉认识颇久，之前她们就一直是同班同学，只是没有太多交集。那一年，高蓉父母离异，母亲带她搬到了柴静家附近，两人才渐渐熟络起来。

那时，柴静也和高蓉一样，与母亲单独生活在一起。但柴静和高蓉从来不谈这些，她们之间似乎有一种与生俱来的默契，从不主动触碰对方的伤痛。一次，有人在晚自习时叫高蓉出去，但她始终低着头，不吭声。最后，她才出去了一会。回来后，她写纸条告诉柴静，那是她爸。柴静除了陪着她难过，也没有更好的办法。

对当时的她们来说，这种简单而美好的陪伴，也许就是最深切的关怀吧。

她们不像其他女孩子那样牵手逛街、说悄悄话，而是相约将来各自成家后，仍要坐在一起织毛衣、唠家常。她们听同样的歌："今夜你过得好不好，月光……照完我这边的墙，又去照你那边的墙……"抄同样的诗句："我相信，爱的本质一如生命的单纯与温柔……"柴静这么形容那段一起听歌的时光："（我们）和着低低的海浪声，一起化掉十六岁的心。"

柴静和高蓉的友情单纯而透明，却深深温暖着彼此的心。这份温暖，发生在特定的年纪，发生在特定的两个人之间，就再也无法替换了。

有些东西，就像我们的名字，或者日记里的文字，虽然想想还可以换些更美的方块字、更暖的形容词，可若是真换了，却再也不能亲切地喊出

过往那些动人的秘密。我们每个人可能都曾幻想过这样的场景：回到十几岁时的自己，重新做一些事，重新认识一些人，为那些灰暗的时光抹上鲜艳的唇彩，这样，我们就能亲吻到真正属于我们的幸福的脸庞了吧！只是，你有没有想过，你真的愿意用已经发生的故事和一起哭过的同伴，去交换一个来自未来的不确定的亲吻吗？

我们当然希望自己能交到位高权重、腰缠万贯的朋友，可回到从前，你是愿意放弃和她一起没心没肺地笑的时光，还是和她一起不管不顾地哭的夜晚？她们中的哪一个，你愿意拿去交换呢？有时候，你会不会觉得，能在人群里亲切地喊出另一个人的名字，是种能让人热泪盈眶的“荣幸”呢？

永远不要忘记那些美好的青葱岁月，更不要忘记陪伴自己度过那些岁月里的温柔脸庞。多年后我们都会明白，这些才是幸福的真正涵义。正像柴静在回忆那段温暖时光时形容的那样：“每天翻过操场矮墙回家时，满天红霞，我都不明白让我微笑的是什么，要在此之后很多年，才能重新明白，能放弃狭隘的一己之私，予人以温厚亲爱的情义，是幸福的唯一来源。”

39. 记住，不管遇到谁他都是对的人

爱情常常让我们又哭又笑，又悲又喜，我们也正因此深深迷恋爱情又厌恶爱情。我们迷恋爱情是因为觉得自己在对的时间遇到了对的人，我们厌恶爱情则是因为觉得自己在对的时间遇到了错的人，或是在错的时间遇到了对的人……总之，只有当我们觉得关于爱情的每个要素都完备时，我

们才会觉得安心和幸福。

可是，倘若所有因缘之线都只为你一人而牵，所有爱情的甜蜜果实，也都只让你一人采撷，那剩下的人又该怎么办呢？其实，人世间的很多难题，都不是难在问题本身有多么难解，而是难在看问题的我们，看不到本质、抓不住要领。人们常说："十年修得同船渡，百年修得共枕眠。"茫茫人海，能找到彼此的唯一，毕竟是一件十分难得的事情！

所以，柴静告诉我们：不论遇见谁，他都是对的人。

柴静曾写过一篇采访手记，叫《赤白干净的骨头》，里面记录了一段让人唏嘘不已的爱情。事情发起于九旬老人饶平如的孙女，一次她发现几张爷爷手绘的当年结婚的图画，便发到了网上，正是这些配了小诗文的图画引起了柴静的注意。

饶平如的这些图画是为了纪念自己的离世妻子所作。这些图画记录了他们自相识到相恋再到结婚生子，相伴整整50年的经历。1922年，饶平如出生在江西的一个大户人家，从小就跟老先生学描红，听母亲读诗文、学吹笛。抗战爆发后，饶平如投笔从戎，考取了黄埔军校。这期间他几度濒死，却都化险为夷。

1946年，饶平如奉父命回家相亲，相亲的对象就是后来相伴多年的妻子毛美棠。毛美棠是饶平如父亲世交的女儿。回忆初见毛美棠的场景，饶平如历历在目："我走过第三进的天井，正要步入堂屋时，忽见西边正房小窗正开。再一眼望去，恰见一位面容姣好、年约二十的小姐在窗前借点天光揽镜自照，左手则拿了支口红在专心涂抹——她没有看到我，我心知是她。天气很好，熏风拂面。"从那一刻起，从那一个仿佛命定的瞬间，饶平如和毛美棠的余生便紧紧交织在一起。从此，他们收获了满满的幸福，也经历了重重的磨难。期间有痛苦的分离，也有甜蜜的思念；有偶然的争吵，更有长久的相互温暖……

2008年3月19日，与饶平如相伴50年的妻子毛美棠走到了人生的尽头。爱妻离世之初，饶平如心里除了难过，还是难过。他去他们从前一起去过

的地方，去他们结婚的地方，到处走，到处看，到处回忆……最终，他决定拾起小时候学习的技艺，用图画和诗文来纪念他和毛美棠的故事。他说："死是没有办法的事，但画下来的时候，人还能存在。画完这些画，就像把人生重新过了一遍一样。"

饶平如与毛美棠的爱情故事既平淡，又传奇。正如柴静所用的标题：《赤白干净的骨头》。骨头谁都有，就像谁都曾拥有爱情。但你可曾如饶平如与毛美棠一样，为自己的骨头，为自己的爱情，保留一份赤诚和纯粹呢？历经半生风雨依然不离不弃，甚至将之延续到生命的尽头之后，这样长久的纯粹的爱，有几人能拥有呢？

美好的人和美好的爱，常常于意料之外出现，但却也是意料之内的必然。因为这世间所有的偶然，都是戴了面具的必然。我们和一些人注定要相遇，相爱，虽然还有很多人明明比身边的人更美好，可是我们却没有兴趣再多看一眼，这就是缘分。缘分就是相遇刹那的对视，以及相伴之后长久地彼此凝视所建立起来的再也斩不断的情丝。而对于那些没有缘分的人来说，就是认识再久也不能走进彼此的内心，永远隔着淡淡的、无形的距离。

所以，柴静告诉女人：并没有什么对的时间，对的人。不论你遇见谁，他都是对的人。世间所有相遇都是久别重逢。在茫茫人海中单单遇上了这样一个让你心动的人，他也倾心于你，于是便选择与其相知相识相恋，这难道不是最正确的事吗？不管你们在一起时是快乐还是悲伤，也不管你们最后是否携手共赴生死，只要当初的选择源自双方的真心，那此刻的一切，都将是你对自己最好的回答。正如英国诗人彭斯的那句诗："如果我们没有这样深情地爱过，盲目地爱过，我们应该就不会伤心了。可这样的人生，还有什么意义？"

真实的人性有无尽的可能

40. 廉价的虚荣是需要付出代价的

2013年1月1日，柴静的新书《看见》出版，仅仅过了一个月，这本书的销量就达到了惊人的100万册，这让长期从事图书发行的媒体人都惊叹不已。有人甚至形容柴静新书的签售会“堪比春运时的火车站”。于是，《解放周末》的记者采访柴静时就问她对这么多粉丝，这么大销量有什么感觉。

柴静的回答很淡定：“我原来没有细想过这件事。写书的人一般都有个惯性，觉得封笔的一瞬间，这本书就和自己没关系了，从此后你有你的路。”不过，柴静表示她也不是完全不在乎读者的态度，只是，她在乎的不是自己有多受欢迎，而是别人有没有从这本书里收获价值，她说：“有一个陌生人过来跟我说，我看了你的书掉眼泪了，他说不是因为你写得多么好，而是因为你写出了我想说但没说出来的话。他的这番话很打动我。”

记者继续问道：“对于很多销量大的书，有的人看见的是销量背后的巨额稿费。”

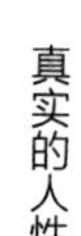

柴静说：“要是以这个为出发点的话，我就不会和广西师范大学出版社签这本书。他们来跟我谈的时候肯定不是把销量报得最高的。我最在意的也不是他们对外的声誉，或是受人尊重的名头，而是我喜欢他们的编辑，他们的几位编辑对文字的认真、那种读书人的风范，是让我钦佩的。”

从柴静诚恳的回答里，我们看不到恃才傲物的冷艳高贵，也看不到突然风光的得意忘形，对柴静而言，她关心的永远不是加诸在自己身上的荣耀，而是别人心底潜藏的思想。

可惜的是，大部分女人却做不到这一点。“注重外表”“爱慕虚荣”，这些和人类一直斗争的顽固分子们，总是变着花样地在人们心头兴风作浪，而在现在这个略显浮躁的时代，它们更是如鱼得水。就像吉噶·康楚仁波切在《无我的智慧》里提到的：“当我们照镜子时，最不希望镜中出现的是一个平凡人，我们希望看到一个很特别的人……我们希望看到的自己是强大的，能掌控一切的。”遗憾的是，更多时候，我们大部分人都只是“易碎的蛋壳”，有几个人能像乔布斯一样为改变世界而活着？大部分人想不被世界改变都难以做到。

励志故事虽然激动人心，但当激情落潮后，我们不得不再一次面对脆弱、茫然的自己，而每一次这样的面对，都只会增加我们的无力和惶恐。于是，我们在脆弱和恐惧中选择了逃避和掩盖，而最好的逃避和掩盖方式就是被吹嘘的言语和夸赞的话头簇拥着。此时，哪怕只是最廉价的称赞——“你的衣服好漂亮啊！”“你居然连他都认识！”我们都会感到一丝得意和安心。

柴静提醒我们：即使是这样廉价的虚荣也是需要代价的。我们看到，许多女人宁愿为了一个名牌包包而吃几个月泡面，挤半年公交，也不愿把辛苦所得用来好好犒劳自己的胃和身体；许多女人宁愿费尽心思去结交一些和自己八竿子打不着的名流，也不愿用一个周末的时间，和最好的朋友闲聊叙旧……殊不知，现在我们这样的“宁愿”越多，最后生活给我们的幸福宣判时，我们的“不愿”也就越多。

日复一日，年复一年，我们为了穿上那华丽的水晶鞋，不断地委屈着我们的双脚。只是，我们都忘了问问自己：我是那个灰姑娘吗？我又为什么一定要做灰姑娘呢？她的水晶鞋固然明艳，我赤裸的双脚若是迈得优雅，不也一样动人吗？只是许多人的双脚，已经被自己折磨得无法从容迈步了吧，难怪莎士比亚在几千年前就向我们做出警示：“轻浮的虚荣是一个十足的饕餮者，它在吞噬一切之后，结果必然牺牲在自己的贪欲之下。”

虚荣是自卑的另一个名字，同时，它也是一个很奇怪的东西，它不像金山银山那样看得见摸得着，也不像高官尊爵那样拥有实在的权力，它可能来自一个欣羡的目光，也可能来自一次随意的赞美。只是，不管它来自哪里，它要去的地方，都叫万劫不复。

尤其是年轻的我们，最为在意别人的评判，有时候甚至为了别人一句无心的评价纠结半天，殊不知，那个评价你的人，早就把你忘了。其实，每个人都希望自己是完美的，只是心浮气躁的我们，往往选择了虚荣这条危险的“捷径”罢了。

柴静用言行提醒我们：虽然年轻满是华丽的风景，但本质上却是一场朴实的旅行，过多的行囊、华丽却不合脚的鞋子，只会羁绊我们的旅程。

41. 只要还能思考，就不会被恐惧完全控制

人生的道路总是充满了风雨和泥泞。在这条路上，有无数潜藏的危机，因此，生活中有许多人便产生了恐惧心理，害怕成了让人不能释怀的

情结。恐惧能摧残一个人的意志和生命。它越是控制你的决定和行为，它越能耗尽你的精力、热忱和生命力。恐惧是你心中最强大的敌人。它是一股力量，能破坏你的快乐。它阻挡你，不让你成长。它使你变得孤立，无法与别人接近。它说服你放弃梦想。它让你变得僵化、冷酷、不让你变成想要的模样。

和许多女人一样，柴静也有自己的恐惧和不安。只是，她恐惧的不是生老病死，不是爱恨别离，而是在“老病死”之前，没有好好地“生”，在“恨别离”之前，没有安心地“爱”。

就像美国作家阿玛斯所言：“恐惧是一种源自冲突的态度。你渴求某个而排斥另一个，恐惧就会出现。对死亡的恐惧很难被看清楚，其实它是对当下的排斥。从根本上看，恐惧死亡就是害怕‘真正地’活着。”

什么才是真正地活着呢？什么才是柴静担心自己做不到，又必须去做的事呢？

从我们出生的那一刻起，我们的生命便开始倒计时。我们或迟或早地都将走入死亡之地，就像一朵花或迟或早地会枯萎一样。可是花儿不会为它必然发生的枯萎而焦虑，而我们却总是会为必然发生的死亡而焦虑——这种焦虑有时候如阴云笼罩在我们头顶，让我们忽略了生命本身的美好。

我们焦虑于死亡的必然发生，焦虑于我们的无力抵抗，焦虑于意外的突如其来。其实我们都知道自己的焦虑于事无补，无论我们是在焦虑还是在享受生命之美，我们的生命时钟都在以同样的速度前进着。可惜的是，即便这样，我们还是愿意做出一点螳臂当车的努力，用自欺欺人的方式让自己远离它。

我们的生命长度里，有很长一段被耗费在对死亡的焦虑和无效的“努力”中，我们忘记了去感受这个世界的奇妙，我们忽略了生命本身的美。有着死亡焦虑的人就像是坐在自己的墓碑旁痛哭一样，他们缅怀着过去，害怕着未来，却忽略了最美丽的当下。

不妨像柴静一样，偶尔停下脚步，仔细想想：为什么我们会恐惧死亡？如果我们只是恐惧必然发生的事情，恐惧我们没有能力改变的事情，我们为什么不恐惧太阳的东升西落？如果我们是恐惧自己拥有的东西会失去，为什么我们不恐惧早晨枕边脱落的一根头发？说到底，我们只是在匆忙的旅途中迷失了自我。你见过哪个婴儿会恐惧死亡呢？他们在这个世界上用自己的感官感受着，内心充满着好奇与喜悦，他们不会恐惧死亡。

在这个美丽而奇妙的世界上，死亡本身是非常自然的一个存在，自然到我们每个人都不会注意到它的存在。死亡每天都发生着，落叶的死亡、花朵的死亡、昆虫的死亡、露珠的死亡，每一个瞬间都在发生着。生命的长度正好合适到我们每个人能够安然感受这个世界，并找到自己的答案。

只是，在我们的担忧、恐惧主宰了我们后，我们生命的长度就在很大程度上被浪费了，我们用很多时间去追求不必要的东西，我们不再感受这个世界，不再觉察自己的内在，不再触摸自己的心灵，不再探索生命的答案。

柴静提醒我们：真正自由的生命是不被担忧、恐惧所主宰的，也无所谓生命的长度，因此死亡并不会产生当下的任何问题。当坐在自己墓碑旁痛哭的人开始抬头欣赏漫天的繁星，感受宁静的夜晚不时袭来的凉风，聆听各种不知名的虫儿充满活力的鸣叫，她就会发现，原来她的脚下，还盛开着一片美丽的小花儿！

42. 承认不完美，人生才圆满

背上行囊，带上梦想，攀过岩石，越过高山，趟过河流，我们来到远方，奋斗、闯荡，终于实现理想。原本欲在此刻停歇，而心却难以安顿，

总觉得更好的会在远方，一路风雨，一路漂泊，只为了让现实更完美。岂不知，人生是没有完美可言的，完美只是在理想中存在，生活中处处都有遗憾。这正如柴静所言，女人正是因为不完美，才会显露出可爱的、人性的一面，才会让生命在更高层次上趋于完满。

在湖南主持了三年的《夜色温柔》后，柴静已经当上了湖南文艺广播台综艺部的副主任。当时的她还开有专栏，并出过一本叫《用我一辈子去忘记》的书。前几年，当柴静在央视出名后，有出版社找柴静希望再版这本书，却被她婉拒了。柴静的理由是："看不惯那时的自己，太'矫情'。"

柴静解释道："我22岁刚开始学写字，大部分是模仿，拾人牙慧，多是青春期的孤独感。总体来说，价值不大。"柴静甚至坦言："有那么一段时间，我努力想摆脱在湖南的状态，觉得是一个障碍。"为此，她曾努力地去做一个不那么"文艺腔"的，更接地气的主持人。只是，她后来发现，这似乎又成了另一种"刻意"，并没有让自己从根本上有所突破。柴静发现，与其全盘否定自己不完美的过往，不如坦然地接受它。因为，对不完美的恐惧带来的恶果，要远远大于不完美本身。

这点用谢尔·西尔弗斯坦在《丢失的那块儿》里讲的故事来解释是再合适不过了：

一个圆环被切掉了一块，圆环想使自己重新完整起来，于是就到处去寻找丢失的那块儿。由于它不是一个完整的圆，因此滚得很慢，它欣赏路边的花儿，它与虫儿聊天，它享受阳光，它发现了许多不同的小块儿，可没有一块适合它，于是它继续寻找着。

终于有一天，圆环找到了非常合适的一块，它高兴极了，立刻将那小块装上，然后开心地滚了起来，心想："我终于成为完美的圆环了！"可是它一完整之后，就滚得很快，以致无暇注意花儿的开落，也无法停下和虫儿聊天。当它发现飞快地滚动使得它的世界再也不像以前那样美好时，它停住了，把那一小块又放回到路边，自己则缓慢而满足地向前滚去。

有的女人不正是一个个这样的圆环吗？努力追求着所谓的完美，却没想过，“完美”之后的生活到底是不是自己想要的。其实，正如柴静所言：真正的完美，就是对自己不完美的坦诚。这份坦诚不仅能让你停下修饰的双手，去轻抚自心的真相，还能助你打开别人的心房，为你带来真心的情谊。

当年，二十六岁的沈从文被时任中国公学校长的胡适聘为学校讲师。在此之前，沈从文已经以行云流水的文笔、真挚朴实的感情，赢得了一大批读者，在文坛享有很高的声望。但让他给大学生讲课却是头一遭。为了讲好第一堂课，他认真准备了很长时间，还精心编订了讲义。

尽管如此，第一天走上讲台的他，当看见台下黑压压地坐满了学生时，心里仍不免发虚。面对满堂的莘莘学子，沈从文竟整整呆立了十分钟，一句话也说不出来。后来好不容易开始讲课了，由于心情紧张，沈从文只顾着低头念讲稿，事先设计在中间插讲的内容全都忘得一干二净。结果，原先准备上一堂课的内容，只用十分钟就讲完了。

接下来的几十分钟怎么打发？他心慌意乱，冷汗顺着脊背直淌。这样的尴尬场面，他以前可从来没有经历过。后来，沈从文没有以自己的学识天南地北地瞎扯来死撑“面子”，而是做了一件让所有人都没想到的事情。他走到黑板前，工工整整地写下了一行字：“今天是我第一次上课，人很多，我害怕了。”

这老实可爱的坦言引起全堂一阵善意的笑声。胡适在听说这次讲课的经过后，不仅没有批评，反而不失幽默地说：“沈从文的第一次上课成功了！”后来，一位当时听过这堂课的学生在文章中写道：“沈先生的坦率、赤诚令人钦佩，这是我有生以来听过的最有意义的一堂课！”

一堂课上得磕磕绊绊，居然还被校长和学生同时认可，与其说是因为沈从文名声在外，不如说是他的率真、坦诚打动了所有人。这是一堂不成功的文学课，却是一堂精彩的人生课！

每个人都是不完美的，但每个人的心却都是可以完满的。承认自己的

不完美，享受自己率真的心性，用心的赤诚，而不是才智、举止的遮掩来俘获别人、成全自己，才是与人相处，与最美的自己相遇的最好方式。

43. 愿时光清浅，许你晴天

生命之所以令人感到温暖，不是因为它永远光芒万丈，而是因为，即使现在充满阴霾与黑暗，也终有放晴的一天。其实，每一个人的生命都是一种探寻，有的是在探寻让自己快乐而满足的东西，有的是在探寻让自己坚定而勇敢的东西，有的则只是在寻找丢失的自信。

对央视比较熟悉的人都知道，柴静曾有一个著名的搭档，他就是白岩松。白岩松新书出版时给柴静送了一本，上面写道“柴静：这一站，幸福”。可能有人会问：幸福之前的那一站是什么呢？柴静翻开书的扉页，上面印着仓央嘉措的诗句，恰是最好的回答：“一个人需要隐藏多少秘密，才能巧妙地度过一生，这佛光闪闪的高原，三步两步便是天堂，却仍有那么多人，因心事过重，而走不动。”

白岩松究竟有哪些秘密和心事，他是如何一步步走到幸福这一站的呢？

1968年8月20日，白岩松出生在呼伦贝尔大草原上。仿佛天空般广阔的草原，仿佛草原般纯净的天空，共同编织成了他童年眼里的全部世界。当然，除了蓝天白云青草，像每个孩子一样，他从小也要“忍受”沉重的课业负担，生性好动的他自然不会安心于此。而他的妈妈又是一位教师，面对顽皮的他，妈妈伤透了脑筋。

这种边玩边学的逍遥日子一晃就是几年，很快，他就已经是一名高中学生了。那时，他的哥哥考上了北京的一所大学，这对他们全家来说自然是一件令人高兴的事，他自然也是替哥哥高兴的。但是，很快他就发现，哥哥的离开造成的直接结果就是自己身上的任务多了很多。以前哥哥在家时，他基本什么都不用干，现在哥哥去了北京，一年才回来两次，所以许多家务只能由他承包了，尤其是他每天都要去150米外的井台挑水，这对从小没怎么吃过苦的他来说实在太痛苦了。于是，他便痛下决心，也要考上北京的大学！

功夫不负有心人，经过三年的刻苦努力，他顺利考上了北京广播学院新闻系。开心兴奋之余，第一次走出草原的他也被北京的繁华震撼得不知所措。进了校园之后，他更是发现，身边的同学大多家境殷实，他们用的很多东西自己压根没见过。于是，本来还很活泼开朗的他一下子变得小心拘谨起来。

开学第一天，他同桌的女同学的第一句话就把他问住了："你哪儿来的呀？"这个问题正是当时的他最抗拒的，因为在他那时的逻辑里，虽然呼伦贝尔有着最美的草原，但自己毕竟算是农村来的，这种落后的小地方怎么好意思告诉同学呢？就在他无限纠结的时候，那位女同学已经转向其他人闲聊去了。

就这样，因为这个女同学一句无心的问话，让他居然一个学期都不敢和同班的女同学说话，最后等一个学期结束了，班上居然还有很多女同学不认识他！很长一段时间里，这种浓郁的自卑感都笼罩在他的心灵之上，以至于每次照相，他都要戴上墨镜才能感到一丝坦然。

不过，幸好白岩松不是那种死读书的书呆子，像每个热血澎湃的年轻人一样，他有太多的爱好来释放自己的青春。在那些爱好中，他慢慢将自己的自卑消泯于无形。他爱写作，小时候他就喜欢读各种有趣的故事书，长大了他甚至开始尝试自己写小说。沉浸在天马行空的世界里，他感受到了一丝强烈的存在感；他爱足球，他是阿根廷队的铁杆粉丝，当然，他自己的球技也令人惊叹，这让他们所在的新闻系在当时的北广所向披靡。沉

浸在生命力尽情舒展的世界里，他感受到了一丝自己可以控制的力量；他爱音乐，尤其喜欢摇滚和古典，沉浸在这交织着力量与安静的动人旋律中，他感受到了一丝内心的安宁与坚定……

就这样，他一点点走出了内心的阴霾，毕业后的白岩松，与人交流时也是自信满满的样子。很快，他在主持界崭露头角，并凭借平易且犀利的主持风格广受观众喜爱。

柴静在书中看到白岩松的这段苦涩经历，感慨颇多。的确，自卑是每个人在成长过程中或多或少都会拥有的心理。其实，自卑并不可怕，可怕的是心中胆怯，不敢直面自卑，以至于永远也无法战胜它。其实，对待自卑的最好方法就是：要么彻底地忘记它，要么全然地面对它！只有正视心底的黑暗和怯懦，你才有机会点燃自信和勇敢的烛火，你周围的世界，才会在你的感染下，一点点放晴。

当你从自卑和怯懦的阴影中起身，一步步坚持走到阳光下时，你会蓦然发现：自己的身影，原来早已修炼得如此动人。

44. 不让负面的暗示阻挡自己

2007年，一本“神秘”的图书进入了中国市场，并引起许多读者的追捧。它的作者朗达·拜恩是澳大利亚的一位电视工作者，有一年，她的父亲突然去世，工作遭遇了瓶颈，婚姻也出现了危机，就在人生进入严冬，生活已到崩溃边缘时，她意外地发现了隐藏在百年古书中的秘密，经过不断的探究，发现这个秘密同时也零星地散落在各种学科之中，如历史、文学、宗教与哲学，等等，更藏在人与世界的各个互动中。她发现原来每个人自身都存在着自己所不知道的能量。

于是，朗达·拜恩写出了一本叫《秘密》的书，向人们揭示这个“秘密”，并把它推广到全世界。人们称这种神秘的力量为“吸引力法则”，即指人的思想集中在某一领域的时候，跟这个领域相关的人、事、物就会被他吸引而来，也就是说你的好运或你的困境都是由你自己吸引而来，类似于我们中国人常说的“心想事成”，它的反面则是“怕什么来什么”，而这一切只取决于你有着怎样的态度和想法。

这本畅销书带给全球数千万人“喜悦的转变”，朗达·拜恩也因此入选《时代周刊》2007年全球最有影响力的100人之一。

柴静也是这本著作的读者，她对“吸引力法则”有着自身的理解和体会——凡事积极地面对常会产生积极的结果，消极地面对常会产生消极的结果。每个人做事都要有明确的目标，方向确定后，则要积极应对在目标实现过程中的一切困难。什么样的思想产生什么样的结果并不是异想天开，做白日梦，而是给自己后面的暗示，朝正确的方向努力。从事新闻工作十余年来，柴静的声名远播的同时也惹来一些非议。有人问柴静以怎样的心态去面对。柴静以平和的语气从容地说：“作为一名记者，要有各种心理准备，顾虑太多做不了事情。”

柴静自从开博客以来，常常看到一些有明显情绪过激、针对自己或家人的侮辱言辞。而且博客的评论者中也会有些不够理性的人，曾有个人在博客里有人跟帖，请柴静关注一桩热点事件。由于跟帖的人多，这条留言就被挤到了第二页，这人看不到自己发表的话，就马上跟帖：“柴静删帖，这个猪！”没过一会儿他又看到了，于是又跟帖说：“哦，她没有删，看漏了，不是猪。”

对于这些柴静也有过思想上的挣扎：“我起初也是会不快与反感的，选择删除评论，继而关闭评论；但后来我还是重新开放评论，因为我既然受过言过其实的赞美，也应该承受负面的批评。传播过程当中，还是要信任大众。”

的确，每个人都希望有平静美好的生活，对未来有着各种浪漫的憧憬，但人生之路有一马平川，也有崎岖山道，想要抵达梦想之国就要跨越眼前的阻碍。永远给自己正面的暗示，而不去纠结负面的情绪，这样在我们的路途中就能少感受到一些颠簸，看到更多的风景。

有这样一个故事，可能会给我们带来一些启示。

在天堂里，一位果农遇到了牛顿。他愤愤不平地对牛顿说：“我每天辛辛苦苦地在果园里劳作，曾无数次看见苹果从枝头掉在地上。为什么发现不了万有引力的现象，一生都是默默无闻的果农，而你仅仅躺在苹果树下睡了一觉，上帝就赐给你一个万能的苹果，让你在瞬间获得灵感，得出万有引力定律，使你成为了无人不知的名人。上帝真是太不公平了！”牛顿笑着答道：“你每天在果园里辛勤劳作，心里盼望的是收获更多的果实，所以每年都会得到收获的快乐。而我每天想的是如何解开引力之谜，所以得出了万有引力定律。其实上帝对每个人都是公平的，你一门心思地想着什么，那么你就会得到怎样的结果。”

当令人失望的事与你不期而遇时，不要以更坏的心情去“招待”它，而是反问自己：“我想要什么？我想得到怎样的结果？”时刻告诫自己：“没有什么能阻挡我！”记住，生命中的有些风雨交加的道路，只能自己走过；有些刻骨铭心的痛苦，只能自己承受；有些形单影只的孤寂，也只能自己体味。但是，心中一定要怀着积极的想法，告诉自己：穿过黑暗之后，我们一定能更能感知阳光的温暖；走出痛苦之后，我们一定更能迈开成长的脚步；告别孤寂之后，我们一定能收获灵魂的深度！只要心中清楚，你想要的是什么。

有人说：“命运如同掌纹，弯弯曲曲，却握在我们自己的手中。”只要不迷失自我，再困难、再艰险的条件下我们同样可以塑造自己，为自己的灵魂画一幅像，写出一个坚挺而有力的“人”字。

以小女人的姿态生活，以大女人的格调行事

45. 防备别人，有时会孤单自己

在主持《夜色温柔》时，一个湖南大学的女孩曾给柴静写信讲述了一个颇有意味的小故事：有一天晚上她去水房打水，路上听着柴静的节目，她突然发现一个平时特别讨厌的女孩居然也在听同样的节目。一刹那，她忽然领悟到："原来每个人都有相似的部分。"

的确，这世上没有两人是注定要相互仇视的。人与人之间，总有一部分相互契合，甚至共鸣。所以，柴静提醒女人：不管你有怎样的羞怯或猜忌，都不要妄想把自己关在一个人的世界里。这既不明智，也不现实。

可惜的是，许多女人却害怕伤害，害怕得不偿失，便不愿敞开自己的心扉，让心里的光亮去温暖别人。结果，她们就仿佛悲哀的仙人掌：防备了别人，却孤单了自己。

柴静在《夜色温柔》里提到过这么一个故事，希望能给习惯推开别人的女人一点启示。

一位单身女子刚搬了家，她的新邻居是一户穷人家，只有一个寡妇和两个小孩。

有天晚上，那一带忽然停了电，那位女子只好点起了蜡烛照明。过了一会儿，忽然听到有人敲门。原来是隔壁邻居的小孩，只见他略显紧张地问：“阿姨，请问你家有蜡烛吗？”

女子心想：“他们家竟然穷得连蜡烛都没有吗？还是别借给他们了，免得被他们依赖上了！”于是，她就冷冷地回答：“没有！”

正当她准备关门时，那个小孩却露出了关切的笑容，说：“我就知道你家一定没有！”说完竟从怀里拿出两根蜡烛，接着说道：“妈妈怕你一个人住又没有蜡烛会害怕，就让我拿两根来给你。”

女子感到无地自容，却也感动得热泪盈眶，一把将那小孩紧紧地抱在了怀里。

多么善良的一家人！虽然自己家里贫穷，但还是时刻想着关心、帮助身边的人，哪怕只是一个还没见过面的新邻居。

感动之余，我们不妨思量一下这位女子的行为，因为她和我们是如此相像。当她听到孩子的询问时，本能地以为他是因为家穷而来借蜡烛的，压根没想到这是一个老住户对新邻居的关心，是一个普通人对身边人的善意，她甚至还担心起了借完蜡烛之后的彼此关系，实在令人心寒。

其实，仔细想想，这位女子和我们一样，不见得就是多么冷漠自私之人，她后来的愧疚、感动也证明了这一点。只是，她已经习惯于“穷人求助富人”“富人施舍穷人”这样的既定模式，所以当一个穷人来有所探寻时，她便“顺理成章”地以为这是求助的讯号。但人们往往就是在这样的思维定势中，渐渐远离了自己心底的柔软，也远离了与人和睦相处、温暖互助的快乐。

这就难怪老子在几千年前说的一句“上善若水，随物赋形”到今天依然显得这么发人深省了。的确，若是我们懂得像柴静一样，用一颗平和清净，如水之心去待人接物，像水一样“随物成形”，而不是像石头一样冥顽不灵，也许就能真的理解、懂得别人，从而心怀感激地接受别人的关心，也设身处地地为别人着想。这样，就算别人真的是来借蜡烛，我们也会乐于给予；就算别人犯了错误，我们也会心平气和地选择宽容。

更何况，就像柴静说的那样：在生活的旅途中，每个人都难免与周围的人有不同程度的磕磕碰碰，若是沉溺于这样的小事中不能自拔，不仅自己会钻进一个死胡同，影响与他人的关系，而且我们也会因此损失很多快乐。

46. 以从容的心态面对一切

在时间的长河里，经历了人生的繁花似锦与风雨阴霾之后，女人心则滤去了浮躁，能用从容的心态包容一切，她可以微笑着面对困难与压力，沉着冷静而不焦虑，这样的女人定然是最美丽的。

从容淡定的女人让人一见便觉得赏心悦目，待人处世落落大方，她微笑的表情告诉你，她是一个尊重别人、爱惜自己、懂得生活的女人，是一个自立、自信、自强的女人。

作为观众眼中的“知性女神”，柴静身上自然散发着从容而淡定的气质。在采访中，她常常是细声细语，却掷地有声，稳重冷静，既犀利客观、又安静陈述，有一种从容不迫的气度。

2012年9月，在中国羽毛球队的训练馆中，柴静采访了中国羽毛球队总教练李永波。当时他正身处舆论的旋涡之中——在伦敦奥运会上，为了避免中国队的两组队员在决赛前碰到，女子双打队员于洋和王晓理在对战韩国队的小组赛中采取“消极比赛”的战术，最后被认为违反了奥运精神而被取消比赛资格，作为总教练，李永波深受舆论批评。

在接受采访中，李永波保持了一贯的风格——语带锋芒，性格强硬。

采访进行到中段，谈到在2011年的中国羽毛球公开赛上，李永波的爱将林丹在上海主场对阵马来西亚名将李宗伟时，在林丹领先的情况下，观众席上有不少中国观众大声喊：“李宗伟加油！”李永波很生气，他认为正是因为这么一喊，林丹受到影响，才会在接下来的比赛中连丢四分输掉那一局。在赛后的新闻发布会上，李永波公开抱怨此事，认为这些中国观众没有立场，他说：“要是再这样的话上海我就再也不来了，怎么能为外国人加油呢？你们都不爱国。”

柴静曾回忆说，采访进行到这里，如果是过去，可能会是一段短兵相接、火花四溅的对话，很可能出现一些观众熟悉的句式，比如“难道你不觉得……”“可是有人会质疑……”用这种否定、质问的提问。的确，有一部分记者是这么做的，但是柴静没有这样问。

这次柴静换了一种问法：“您为什么这么想？”李永波用他一贯个性十足的态度开始辩解。柴静温和地说：“有没有一种可能，他们认为是一种体育上的修养？您作为东道主来讲，对于双方都给予鼓励，这也是一种体育精神？”李永波回答：“也许是这样……”当柴静说：“您已经带领中国羽毛球到这个境界，人们可能会有一个更高的期许，他们希望呈现的是更高的体育文明，这个您理解吗？”李永波的情绪忽然放松了，说：“现在大家喊的时候，我也都理解了，就是第一次的时候，很突然。”并说这对提高自己队员的承受力也有益处。

“我没有质问他，只是提出了另外一种可能性，其实这种可能性在他心里早就生根发芽了，你把土松一松，这个芽自己就长出来了。”柴静说。

采访临近结尾，柴静问李永波，韩国教练同样因为奥运会上“消极比赛”，结果被终身禁赛，他和您的处境反差这么大，为什么？此时李永波摘下话筒，一边指着腕上的手表一边说“我要赶飞机”，然后快步离开了采访现场。

柴静并没有追上去继续问“希望您回应一下这件事”之类的话，而是从容地坐在椅子上没有动，目送李永波离开了训练馆。

节目原原本本地播出了这个画面，而在片尾，也照例由柴静做了一段长一分半钟的陈述和解说。

这期节目播出后，有观众认为李永波是“拂袖而去”，显得很不礼貌，而柴静说：“有人认为他不礼貌，他当时确实要赶飞机，我在节目里已经解释了。在我看来，他的每一个反应，都是对他进一步了解的机会。我们要做的，就是按照原样还原就可以了，观众有自己的智慧，会做出他们的判断。”

此时的柴静，早已从那些流逝的单纯岁月中成长起来，展现出来的是沉稳、从容和大气。

柴静让我们看到，成熟干练的女人骨子里是从容和冷静，她拥有积极向上的人生态度，有应对问题的智慧和能力，典雅端庄的不俗气质。镜头前那个身影，显得文静安然，却让人看到了一股坚定的力量。

47. 暖己，却不伤人

上班，一个人忙；上街，一个人逛；病了，一个人扛；痛了，一个人挡；白天，一个人的咖啡，晚上，一个人的宿醉……有多少年轻女孩，就在这样的日复一日里，不再年轻了呢？当她们厌倦了依靠，厌倦了嘲讽，用自己的努力摆脱了“小女人”“靠男人”这样的标签，当她们慢慢地习惯了一个人的生活，也慢慢地习惯了沉默：不说、不看、不听……直到某个寂静的夜里，她们突然从睡梦中惊醒，看着空空荡荡的房间和荒无一人的内心，才蓦然发现，这并不是自己最初想要到达的地方——这里，没有

幸福。

当然，并不是说把“女强人”变回“小女人”就是通往幸福的康庄大道，毕竟，没有独立人格的女人，往往更加缺乏获得幸福的资本。这点，从小独立的柴静最有发言权。

其实，问题并不在于做一个“女强人”还是“小女人”，柴静提醒女人：我们常常被别人贴的各种标签所左右，却忘了问问自己：想穿什么样的衣裳，做什么样的人，去什么样的地方……当女人过多地在意别人的看法，以至于用“自尊”和“坚强”这样的外衣把自己层层包裹起来，最终难免就失去了轻松地享受生活的机会。

刚进央视，主持《东方时空》时，由于缺乏经验，柴静总是被陈虻教育：“当你知道现实的复杂性时，你不会轻易地褒贬。”“你二十多岁，还早着呢。三十多岁，你才知道，什么叫平实。”“文如其人，为什么不从做人开始？”“你认识问题的方法太单一，没逻辑。”

虽然柴静向来气量大，但才华出众的她自尊心很少受挫。更何况，一个二十多岁的姑娘每天从头到尾都被挑剔，自然会生出一些反感和抵触。柴静抱怨说：“每天高兴不行，说没思考；不高兴也不行，说不成熟。真不知道怎么办了！”于是她开始和陈虻争吵。陈虻问：“你为什么不听我的话？”柴静抗议：“因为这是我的生活。”陈虻紧逼：“可是你要成为一名伟大的记者。”柴静也针锋相对：“我不要伟大！”

柴静那段时间的状态，用前苏联作家马卡连柯的话来形容最合适不过了，他说：“只有得不到别人尊重的人，才有最强烈的自尊心。”对此，柴静深以为然。经过了那段因为自尊受挫而心焦气躁的拧巴岁月，柴静发现：对女人来说，过分的自尊自强往往就像没有灯罩的台灯，虽然点亮了我们的内心，带来温暖和安全感，却也因为不懂得遮蔽强光，刺痛了我们的眼睛。有时，还会刺痛别人。倒不如点一盏亮而不耀的心灯，暖己，却不伤人。

著名作家林清玄先生曾经写过一篇文章，叫《贼光消失的时候》，说他的一个朋友在一次拍卖活动中看到了在意大利古堡里差不多有百年历史的三百多盏水晶灯，一时心动，就全买下了。这些老水晶灯全部是施华洛世奇的作品，打着一百多年前的徽章，从灯架到设计，无一不是巅峰之作。但是让林清玄的朋友震惊的不是它们的历史和价值，而是“温和”的光泽。在我们平常的房间里，如果摆有两三盏主灯，它们之间的光就会互相排斥。可是，这三百多盏灯放在一起的时候，不但不抵触，反而互相映衬，将房间照得温暖而明亮。

朋友告诉林清玄，经历过时间和空间的洗练，这些水晶灯早已收起了自己耀眼的“贼光”（对新瓷器表面刺眼的釉光的俗称），取而代之的是细腻、温柔、含蓄的光芒，这就是贼光消失后生出来的“宝光”。

现代女人多崇尚华丽、精致，但是豪华到了顶点，形式胜过内涵，贼光就无法隐藏了。也许，我们在生活中也当如此吧，过分撑起那个强大、自信满满的自己，也许不知不觉间已经让别人退避三舍了。不如在时光的长河里，偶尔漫溯回游，去找寻那个单纯的，或许带点脆弱的自己，跟她说几句悄悄话，听她唠叨几句心事，或流几滴眼泪，或睡一个长长的午觉，做一个孩子似的蠢蠢的梦……

也许，在这样的时刻，我们散发出的气息和光泽，才不会拒人千里，也不会冷落了自己。当我们轻轻放下自尊的遮阳伞，一个妩媚的人间，也许正在微笑着等着我们去涉足，去欣赏，去曼舞翩跹。

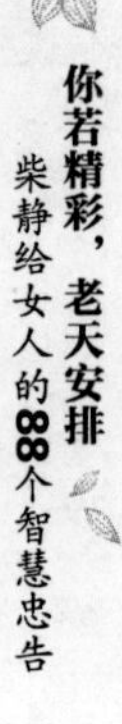

48. 自省使人提炼出成长的智慧

荀子说："君子博学而日参省乎己，则知明而行无过矣。"做人做事不但懂得适时扬长避短，将自己的优势展露出来，而且还要时时自省，认识到自己的不足，把自身的弊端不断修正。

好友范铭说，柴静在业务上出名的勇于自省，从心态、提问方式，到表情、肢体语言，长期习惯自我"修理"。有时会在事后看采访提问场记的时候给自己批注，"这个记者问这个问题也太二了吧。""以后再看到我采访时表情过分，就拿个大牌子站那儿，写'自重'两字。"

许多人会问，柴静是不是有点儿太跟自己较劲了？这是因为她过于在意别人对她的看法吗？其实不然。柴静在意的是自己够不够努力，在意她心里有没有达到卡梅隆所说的那个"逼近自我的极限"。

柴静的自我要求一向非常严格，而且常常回顾自己走过的弯路，反思其中的原因。

"我有过失误。"每次提起在《时空连线》做过的一期节目《飞越的界限》时，柴静总是十分诚恳地面露初为新闻记者时的青涩。那期节目中，柴静采访因飞越长城失败而丧生青年的教练和队友。他的队友在节目里朗诵爱国的诗，柴静问："你就是想要那种特别来劲的感觉吗？这比命还重要吗？……这是不是草台班子？你们是不是炒作？……"这次采访受到了同事的质疑。随后，有观众看过节目后认为柴静的提问太过尖锐，在网上评价说："冷酷的《东方时空》，冷酷的柴静"；还有专栏作者评论说："柴静在采访中语带嘲讽，步步为营。"

批评声对柴静的触动很大，柴静说，她后来调出带子来看，发现自己当时的坐姿、带嘲讽的微笑和不信任的眼神都传达了许多信息，这是她当时都没意识到的。

柴静明白：“记者没有权力强迫别人回答你的问题，也没有权力用那样的语气和神情对待别人。有些问题我必须得问，必须要让他面对，但问的分寸，需要把握，既冷静又保持关切，之后我尽量这样去做。许多事不是表面那么简单，那么善恶分明，不是义愤地指责可以解决问题的。那些在开始排斥、甚至有可能打击我们的人，也要给他（她）说话的机会。”从柴静的话中可以看出，通过对这次节目的不断反思，后来更深刻地明白了新闻前辈说的“要疑问，不要质疑”的道理。

遇到困难不分青红皂白，一股脑儿地把责任推给别人，求得自己心理平衡的人是愚蠢的。成熟的人遇到问题后，最先做的是反观自身，反思自己在对人对事的诚意、毅力等各方面的不足，然后进行改进。

人们提到苹果公司时，一个人的名字难以绕过，他就是苹果的创始人史蒂夫·乔布斯。史蒂夫·乔布斯于1976年在父亲的车库里组装出了第一台苹果电脑，很快苹果成为了风靡世界的电脑品牌，只有21岁的乔布斯成为科技产业中的一位新贵。

没过多久，苹果公司在乔布斯的带领下，陆续推出了许多畅销的电脑产品。但追求完美的乔布斯一心独揽决策权，他从来听不进别人的意见，许多人无法容忍他的恃才傲物与独断专行。终于在1985年，乔布斯被自己请来的首席执行官史考利“打入冷宫”，董事会宣布，乔布斯永远都不会被苹果公司委以决策者的重任。

此时的乔布斯刚满30岁，很多人都认为他的事业已走到终点。甚至连他自己都说：“我当时是一个最知名的失败者，我曾经考虑从硅谷消失。”但乔布斯不是一个轻易认输的人，经过痛苦的自省，他逐渐意识到自身存在的一些问题，并决心改正。后来他回忆这段日子的时候说：“被苹果放逐是非常痛苦的，但是良药苦口，我这个病人正需要这剂良药。”

后来，二十年后的乔布斯不但创立了著名的皮克斯动画公司，还成功

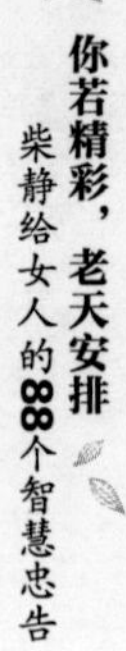

重返苹果公司，担纲领导者与决策者的角色。他的同事回忆了乔布斯的改变："乔布斯的谦逊和坦诚给我留下了深刻的印象，我深信，他已经在自省中彻底改变了自己，抛弃了以自我为中心的错误理念。"重返苹果的乔布斯不但让苹果公司奇迹般地起死回生，而且引领了个人电脑与手机等产品的全球市场，上演了人生的"第二幕"。

柴静对朋友说：懂得自省，才能保持心灵的清醒。没错，海涅有句名言："反省是一面镜子，它能将我们的错误清清楚楚地照出来，使我们有机会改正。"自省使人从失败和挫折中提炼出成长的智慧，使世间的道理逐渐清晰地展现在自己的眼前，以后的言行也就有了遵循的依据，从而使自己的心不被蒙尘。

49. 勇敢是灵魂最杰出的力量

清瘦的"柴姑娘"大多时候给人以清新淡雅的印象，可她在面对种种困难时的勇敢与坚韧，却可以让很多男人自叹弗如。

从《时空连线》进入《新闻调查》后，柴静面临着诸多对抗性的采访调查，这意味着记者将深入各种未知的现场，面对未知的危险和威胁。

一次，柴静和同事去深圳对一家外贸诈骗公司进行调查。这家"公司"用各种手段骗取企业现金之后再销声匿迹，而且与"黑社会"相勾结，雇用打手。

这种对抗性采访对方很难配合，所以采用偷拍机暗中拍摄。采访过程中，"公司"的老板一边拖延时间，一边进屋打了个电话。十几分钟后进来了七八个穿着黑体恤、戴着大金链子的壮汉。

看到这个阵势，柴静并没有慌乱，而是和同事对视了一下，心领神会。

壮汉问柴静："你们干吗的？"

"记者。"

"来干什么？"

"接到新闻线索来调查。"

"谁给你的线索？"

"观众。"

柴静反问道："您是谁？"

对方愣了。

"谁让您来的？"

"我兄弟……朋友。"

提供新闻线索的人说，该诈骗公司不但有"黑社会"背景，并且手中有枪。但柴静知道这些人不是要伤害自己，而是想把自己赶走。同事已顺利拍下这个场景，采访也算完成。

此时，"公司"老板趁着这一会儿工夫"金蝉脱壳"了，壮汉们也准备撤走。公司变得空空如也，柴静只能反客为主，"代尽主人之谊"，将这个壮汉送到电梯口，并爽快地说："知道经理去了哪儿告诉我们一声。"几个原本满脸凶相的"黑社会"人员听完，相互对视，哈哈大笑地离开了。

柴静回忆说："我知道面对的是一群随时可能动用暴力和血腥手段的打手，但必须与他们周旋，这也是采访的一部分，是节目中最有张力的元素，可以更清楚地让观众了解骗局的真相。"

这期名叫《深圳外贸骗局揭秘》的节目中，柴静充当了侦探的角色，看到镜头中秀发如丝，一脸清秀的柴静深入虎穴，观众真替她捏了一把汗。但就这个年轻的姑娘，却在采访中张扬出一种男性的英气，这发自于内心的勇敢，发自于对新闻的热爱。

尽管在生活中，柴静一直十分低调，但在每一次采访中却能彰显出个性的魅力，柔而不弱，展现柔中带刚的朴实情感。

一位女性如果在骨子里具有几分英气，便更显得脱俗超群。爽快大方，心胸宽阔，敢于承担，不惧困难，拿得起放得下，这就是英气。英气不同于霸气，蛮不讲理、气焰嚣张的女人只能称得上是悍妇。

女人有了英气，就能胸怀天下、远见卓识，不会只盯着鸡毛蒜皮的生活琐事、蝇头小利的无谓纷争。

清末革命者秋瑾是豪情壮志不让须眉的典型，她“身虽在，女儿列，心却比，男儿烈”。豪壮心迹昭然可见，目睹国势危急，清廷腐败，立志舍弃贵妇生活，献身救国事业。她常身着男装，跃马持枪。并奋笔疾书：“休言女子非英物，夜夜龙泉壁上鸣。”——不要说女子不是做英雄的料，我挂在墙上的龙泉宝剑夜夜都会铮铮作响，发出为改变旧世界而战斗的呼唤，表明了心中的不平和报国的英雄气概，成为被后世称道的女中豪杰。

洒脱的女性受到周围人的欢迎，不但女性喜欢，男性也愿意与她做朋友。柴静的男同事曾说：“我们不把她当女的看，因为她不啰唆，不‘事儿妈’。”

在工作中勇敢豪迈的女性更能担起重任，她们豪气中不失雅致，勇敢不失敏锐，那种冷静与果敢，那份勇气与担当会让无数人心生敬佩，更给和自己并肩战斗的同事们鼓励与欣慰。

勇敢是灵魂最杰出的力量，英气是这种力量的流露与展现，当你勇敢起来的那一刻，人也就变得坦然。

你可以不懂世界，但一定要融入世界

50. 适当袒露弱点，更易被人理解

正像李健在《向往》中所唱的，“我知道，并不是所有鸟儿都飞翔，当夏天过去后，还有鲜花未曾开放……”我们所处的世界并不是完美无缺，正是因为有缺憾，才让我们更能体会到生命的价值和意义。

我们常说，“金无足赤，人无完人”，每个人生来都会有一些弱点，刻意回避和包藏不但让人感到疲惫，也会让周围人觉不够真诚。不如坦然面对，以真实打动别人。

如果我们稍加留意就会发现：大凡优秀的文艺作品，其中的人物都是成长、变化的，即使是正面人物，他们也有着自身的弱点。如果是清一色的“高大全”，自然没有人会感兴趣，因为这样的人物太纸片化，太不真实，失去了人的生机。如果《红楼梦》中的林黛玉不再孤高自许，敏感多愁，而变得热情开朗，处处都会做人的话，那她也就不再是林妹妹了，也许正是她的“弱点”才让她如此富于诗人的文艺气质。

在现实生活中，只有本真的人才能打动人，有弱点的人并不是总处于劣势。在社交活动中，羞涩对于一个人来说绝对可以算得上一个弱点，可

是曾有心理问卷调查显示，害羞的人给人的安全感竟然高于外向的人。因为人们会认为他们心地善良，不会伤害别人。

正视我们身上的弱点总比掩盖它好得多。因为自己的一些弱点就在别人眼里，试图伪装反而欲盖弥彰。天津卫视自从2010年10月份开播了大型职场招聘节目《非你莫属》，几年的时间里，一直受到广泛关注。虽然台上陆续更换了三位主持人和多位参加招聘的企业家，但有一个现象却普遍存在：在实力相当的情况下，凡是那些一上台就趾高气扬，给自己贴上许多华丽标签的选手，往往受到主持人和在场企业家们的质疑和打击。而那些看上去并不光鲜，质朴踏实的人往往会受到大家的鼓励。

可想而知，一个貌似八面玲珑、无懈可击的人往往给人距离感，因为他给人的感觉往往是给了自己太多装饰。

无论是在书中还是接受采访时，柴静从不回避自己的弱点。她说，自从进中央台之后，只要发生争执，陈虻总说她“你的问题就是总认为你是对的”，言下之意，这是个任性的姑娘。可她的任性表现在做事认真，坚持原则，而非强势蛮横，相反，自称“小暴脾气”的柴静说自己“从小我就是弱势群体，受了气都憋着”，“天性里的那点怯弱，像钉子一样钉着我。小时候看到邻居从远处走过来，我都躲在墙角，打招呼这事让我发窘”，显出普通女孩子的柔弱甚至是懦弱。

虽然既软弱，又任性，还小暴脾气，可正是这种柔弱中的坚持，让人感受到她对新闻采访的态度，就像个学习刻苦用功的孩子。如柴静说，很多时候，采访对象正是因为她的弱点才信任了她，接受了访问。比如卢安克，比如虐猫事件的拍摄者，比如李阳的妻子。她说，或许当一个人能袒露弱点的时候，也更容易被人理解。

在采访来自德国在中国广西支教的教师卢安克时，柴静向他的一个学生提问，可这个孩子总回答“不知道”，柴静想暂时放弃对他的采访，就对他的老师说可以了。可能是孩子答不上问题觉得很没面子，过于紧张的思考使他哭了起来。柴静很自责，认为是自己的问题给了孩子太大的压力。

过后，柴静对卢安克说："我怎么总是改不了我身上的弱点。"而卢安克说："如果这么容易的话，我们还要这么漫长的人生干什么？"是的，每个人身上都有这样那样的弱点，我们在整个人生中不断地与它们共处共生，逐渐把它们转化成我们身上独特的个性。

恰如柴静所感悟到的：人们认识到自己身上的弱点，才能对他人和这个世界有一份宽谅，我们不需要与谁为敌，我们只需要解除，共同来解除我们身上的问题，从这当中睁开眼来看见他人、看见自己。

51. 用你喜欢别人对待你的方式去对待别人

美国文学家切斯特菲尔德说："用你喜欢别人对待你的方式去对待别人。"人，往往需要别人理解、同情和尊敬。善解人意是沟通人际关系的桥梁，而有效沟通是打开心门的钥匙，是化解矛盾的关键，也是每个女人成长的必修课。

善解人意的女人更有亲和力，更容易获得好人缘，因为她们不光有洞察一切、揣摩人心的聪慧，而且还有常为他人着想的心意。她们大都避免说些尖酸刻薄的话，常常做换位思考，尊重和理解别人。

喜欢柴静的人在列数她的优点时往往有"善解人意"这一条，不过，对于她，这似乎并不是与生俱来的。大学毕业的柴静刚到长沙做电台主持人时，不懂什么人情世故，开会时她总爱背对着领导。并且，对于这事她还"振振有词"："我桌子就是那样的嘛！大家都是转过身去看着领导，我就在那儿拆观众的信，听就行了。"

这就不难理解陈虻邀请她加入央视时两人的第一次会面："他跷着二郎腿，我也跷着。" 我们仿佛都可以听见那个初出茅庐的姑娘鼻子里哼出不以为然的声音。

不过随着不断成长与成熟，后来柴静的表现显示她是一个愿意帮助别人，并会照顾别人情绪的人。

邱启明说，他刚到央视时，在《24小时》节目与柴静做搭档。他的感慨是："跟她合作特别舒服，就像两个人抬一桶水，你会觉得那桶水离她很近，你这边很轻，不会有很大负担。她很尊重合作者，明显感到她在维护配合你。那时候我刚去央视什么都不懂，她已经是功成名就的调查记者，很难得。"

工作之外，生活中的她也越来越随和。众所周知，柴静有许多朋友，常举行聚会，在这个多数由男人参加的饭局上，柴静并不显得突兀。朋友对她的评价是："挺开朗的一个人，笑声透明、爽朗，有感染力。她跟我们一样，食性很杂。没有刻意吃什么，不吃什么。"

柴静酒量不大，据她的同事说，平时大概只能喝一瓶啤酒，但在饭局中，只要有一个朋友喝白酒，每逢这时，柴静总会陪他喝一点。

如今的柴静，不再是那个年少轻狂的小姑娘，她懂得了学会照顾别人的情绪，是对人的一种尊重。2012年10月，柴静应邀到清华大学举办一场演讲，结果过千人来听。主办方不得不临时又加开了两个教室进行视频直播。即使是这样，她开始演讲时，仍有不少学生守在门口，发出较为嘈杂的声音。于是柴静走到门外，对挤在那里的学生们温柔说道："我声音尽量大一些，让你们也能听到。"在主教室的演讲以及问答环节结束后，嗓子已有些沙哑的柴静又来到另外两个教室回答学生们提出的问题。

柴静自己也能感到自己的变化，她曾跟范铭开玩笑地说：自己现在是"特别懂事学院，善解人意专业"毕业的了。的确，成名后的柴静保持着朴素低调的风格，她的善解人意与温婉宽厚是经过历练之后所形成的一种人生素养。

用自己的心去体会对方的心，用自己的感觉去体会对方的感觉，用你喜欢别人对待你的方式去对待别人，像柴静一样，做个善解人意的女人，你也可以获得让人羡慕的好人缘。

52. 平等相待，才会让人敞开心扉

作为记者，柴静非常善于与人交往，特别是陌生人，许多别人完不成的采访任务，柴静却能出色地完成，一些采访对象声称不接受媒体采访，可还是能对柴静吐露心声，这是为什么呢？她的“独门秘笈”中有一条至关重要，那就是尊重。

柴静的采访方式不是上下打量的审视，更不是居高临下的傲视，而是给对方以平等和尊重。

2006年3月，一只猫被一个穿高跟鞋的女人踩死的视频在网上热传。随即，这名女子被网友“人肉搜索”，在大量的谴责声中丢了工作，并隐藏起来。柴静想采访虐猫视频的当事人，她却在电话里喊道：“再来记者我就跳楼了！”

后来通过短信联系和劝导，女子同意见面，但仍充满戒备，不肯开口。幸好这名女子原单位的领导帮忙，邀请大家一起吃饭，以打破僵局。饭后柴静等人又与这名女子一起去唱歌。在这一天的时间里，柴静再也没有追问她任何敏感的问题。

深夜回到宾馆后，女子突然向柴静说起当天虐猫的经过，还有她自己二十多年失败的婚姻，以及经受的压力和精神折磨。诉说完后，女子突然问柴静有没有录音，柴静如实回答没有。因为这是对眼前这名女子的

尊重。

第二天一早，这名女子表示她愿意接受采访。

诚心和对人的尊重能让人主动敞开心扉，交谈中，只有先尊重对方，才能触碰到对方的心灵。

有这样一则寓言故事，也可以用来解释这个道理：

太阳和北风是好朋友，它们经常结伴旅游。有一天，它们争论谁的本领更大，争来争去，谁也说服不了谁。这时路上走过来一个人。于是太阳对北风说：“既然我们谁也无法说服谁，就看看我们的真本事如何吧！谁能把这个人的外套脱下来，谁的本领就大，你说呢？”北风欣然同意了。它自信地说：“先来看我的吧，这真是小事一桩！”

北风吸了一口气，“呼”地吹了出去。路上的行人突然感觉到一股冷风吹来，忙拉住了原来敞开的衣襟，把它们扣紧，又继续前行。北风一看，很不服气，又深深地吸了一口气用力吹向行人。谁知，行人不但没有脱掉了衣服，反而把衣服领子也竖起来，裹紧自己的脖子。

北风急了，它可不想轻易认输，于是鼓起腮帮子拼了命吹。刺骨的寒风“嗖嗖”地吹向行人，他都站不稳了，缩着脖子哆嗦着，可他的外套依然没有被吹掉，而是恨不得整个人钻进衣服里，双臂抱在胸前，把衣服裹得更加严实了。

风已经没力气了，没办法只能让位给太阳。太阳不慌不忙，不断把温和的阳光洒向行人，行人走着走着觉得暖和了，没一会儿就慢慢地脱掉了外套。

对别人的尊重其实也是对自己的负责，欺骗、敷衍和轻慢的态度不会带来别人长久的信任。不要吝惜对别人起码的尊重。只有以诚心待人，给对方尊重，才能得到别人真心实意的回报。

英国国王爱德华到伦敦贫民窟进行视察，他站在一个东倒西歪的房子门口，对里面一贫如洗的老太太说：“请问我可以进来吗？”柴静曾对这个小故事感慨地说：这种对人的尊重，是已经溶入他们血液的东西。正因为如此，英国王室才能始终受到民众的支持，延续至今。

在采访中，每一位被采访者的故事都是独特的，真实的，他们都有着柔软而细腻的内心。在她眼中，每一个人的心灵故事都对她有莫大的吸引力，都对新闻事件的过程有重要意义。她带着强烈的好奇心去呈现，只描述，不评论。柴静将关注点放在勾勒采访对象的心灵图形上，不断引导采访对象说出内心最真实的想法，表露心中最平实的情感。尊重、理解、包容，处处渗透在柴静与采访对象的心灵对话中。每一次的访谈都给观众的心灵带来巨大的冲击和震撼，让观众对世间的一切生命有所尊重，有所理解。

53. 关切，过犹不及

凡事都需要有个尺度，连关心也无法避免，我们似乎理所当然地认为所有的人都需要无微不至的关怀一样，但人都是不同的主体，如果是关系没有亲密到一定程度而贸然给予对方关心的话，则让人反感。

柴静认为，记者要意识到在采访中自己是个陌生人，别以为自己是记者就跟谁都“自来熟”。她在博客中写道：“你是一个记者，你有关切、有采访的权力和可能，但归根结底，你只是一个陌生人。人与人之间应该有一个恰当的关系，关切超过了恰当，就是冒犯。不能因为你是一个记者，就有权逼问所有的问题。知是职责，不去知，算是一点敬畏吧。”

记者在采访中常遇到情绪波动比较大的采访对象，他们会把希望和感情寄托在记者身上，有同事问柴静，当采访对象和记者有情感交流时，应该怎么拿捏分寸。柴静说如果采访对象把情感施加在记者身上，记者以正

常人性承接就可以了，但不要主动施加什么，那样就逾越了分寸。

在采访药家鑫一案时，在被害人张妙的家的院子里，柴静正在跟张妙的父亲说着话，两岁的孩子在一旁边玩耍，张妙的母亲突然在房间里痛哭起来，柴静问张父："你不去劝劝吗？"

张父一脸无奈地说："没有用。"柴静坐了一会儿，回头对摄像师说："我去看看。"张妙的母亲有些精神恍惚，只是哭喊，柴静走进屋抚摸着张妙母亲的胳膊。

柴静说："如果20多岁时去采访，我还是会进屋，当我发现摄像师要掀帘子进来的时候，我很可能不会去阻拦。但当我到了现在这个年龄，用余光看到摄像师要掀帘子进来时，我会冲他摆下手，示意他停在帘子外，让他别拍，别直接拍采访对象的悲伤。人是需要尊严和空间的，当她的悲伤来得太强烈的时候，你可以陪伴，但不要侵入。"

对于采访中适当关心别人，柴静的体会是，我觉得一个节目有它成熟的人格，我现在是完完全全的成年人，觉得自己在情感表达上是相对克制的，沉着的。的确，举止有度、不贸然行事的人显然是智慧的。

我们心里都清楚，关心别人无疑是一种好意，你要看别人是否需要，如果别人根本就不需要，那么你的关心对于别人来说就只是一种麻烦和负担。如果这样，那关心的本意何在？

生活中还有一些人，尤其是女性，总喜欢为别人的事操心，甚至打探、追问别人的隐私，使人不胜其烦，她们自己的心理情绪也往往便容易受别人和外界环境的影响。这样的人，往往对自己的言行控制不当，最终导致人际关系障碍。

除了体贴与关爱之外，当看到别人的一些缺点时提出批评当然也是关心的一种表达，但这种关心更要把握好尺度。

虽说"良药苦口利于病，忠言逆耳利于行"，但世上没有几个人有主动"吃苦药"的觉悟，所以批评别人时一定要适度，不能因为你关心对方，就不讲情面，那些会刺痛别人的心，使对方疏远你。

所以无论是关爱还是批评，都要考虑对方的心理感受，考虑到对方与你的关系，考虑一下你是否具有怜悯和批评的资格。

54. 真实，就会被对方感知

狄德罗说："没有感情这个品质，任何笔调都不可能打动人心。"与人交往也是如此，没有真实的情感，再多的华丽言辞也会让人觉得虚假空洞。

在新闻采访中，记者如果不能让采访对象表达出真实的情感，机械的问答必然给人应付的生硬感。采访对象自然会认为记者与他有太遥远的距离，在自我保持中也不会把深刻的观点和真实的情况倾诉出来。

柴静的采访容易被接受，这与她文静、亲切而富有思想的风格密不可分，气质脱俗而不高傲、坦诚又从容的她总会让观众感觉到她的善良和质朴。

2013年2月，柴静采访周星驰的节目在电视和网络上都引起了关注。在接受采访前的一个多月里，周星驰正处在舆论的风口浪尖上。他之前被推荐为政协委员，但因为在广东省人大开幕式上迟到、早退，受到媒体的批评。随后，由他导演的电影《西游降魔》在内地公映，在获得巨大票房的同时也伴随着褒贬不一的评价。

柴静采访周星驰时，与这位喜剧巨星对面而坐，从容、端庄而语气温和的她仿佛在与一位朋友自然地聊天，倾听对方心底的诉说。而平时在镜头前善于自我保护的周星驰也流露出真实的感情。

当年，《大话西游》上映时，周星驰正值盛年，在片中他扮演的孙悟

空与朱茵扮演的紫霞仙子有一段刻骨铭心的爱情。而将近二十年后，周星驰却是孤身一人。同样是爱情题材的《西游降魔》又表达出周星驰怎样的心声呢？这似乎是个避不开的问题。

在谈起周星驰家庭的时候，他说：“我还有机会吗？你看我现在这个样子……我都害怕说出来了现在我自己的年龄。”说到这儿的时候，他的表情很明显有着挣扎中的痛苦，有着无奈中的落寞，简直像一个心中隐隐作痛的孩子。

柴静问及他的爱情，周星驰说：“我都运气不好。”并把这句话重复了两次。

柴静笑着说：“不是吧，曾经有一段真挚的感情放在你面前，你没有珍惜。”

听到这句话，满头沧桑白发的周星驰感叹道：“假如我可以重来的话，我就不要那么忙了。”眼神中流露出无限寂寥。

《大话西游》伴随了一代人成长，而18年后的《西游降魔》与它有很多相似之处。周星驰说，明知会被人说抄袭自己，但他不在意了，他要让唐僧说出十九年前孙悟空那段台词。不同的是，《大话西游》至尊宝说：“曾经有一段真诚的爱情摆在我的面前，但是我却没有珍惜，等到失去的时候才后悔莫及。”而18年后，唐僧说：“一万年太久，只争朝夕。”

柴静问他既然明知道会被质疑，为什么还要坚持用多年前电影中几句家喻户晓的台词。

周星驰：“可能我对这几句话有情结。”

柴静：“我可不可以理解说这是一个不由分说的想法，我就想在这个时候说出我一生中想说的这句话。”

对于柴静的话周星驰先是惊喜，问道：“你有这个感觉吗？”柴静很肯定地回答他，“对！”在说这个字的时候，细心的观众发现柴静没了之前的清丽，而是声音中带着一丝哽咽，而且狠狠地眨了一下眼睛。随之而来的，便是一个十分让人为之动容的场面：周星驰眼神中充满感激地对柴静说：“谢谢你啊，谢谢。”

此时的周星驰明显无助和彷徨，但柴静对自己的理解让他又有了一种解脱的感觉，他知道总算这世上还有人懂自己。

柴静是聪明的，愚笨的人看不懂别人，更提不出切中肯綮的问题；柴静又是真实的，她不利用自己的聪明提一些花哨而肤浅的问题，而是用自己一颗有温度的心去感知。

有人问柴静，很多人不愿意面对其他媒体，却愿意接受你的采访，你觉得是因为你名气大的原因吗？柴静说，采访中名气并不那么重要，而且，最困难的并不是对方不接受你的采访，而是采访对象坐在你跟前了，你怎么问？新闻采访中没有定法，用你的本真去面对就对了。

生活的潮水，每时每刻都激荡着我们的情感，刷新着我们的知识，也只有热爱生活的人，才能以本真的面貌示人。冰心说：“你的感情只要有一点儿不真实，读者一下子就会念得出来。所以要对自己真实，要把自己的真情实感写出来。”同样的道理，与人面对面交流时，待人真实的人才会被对方认同。

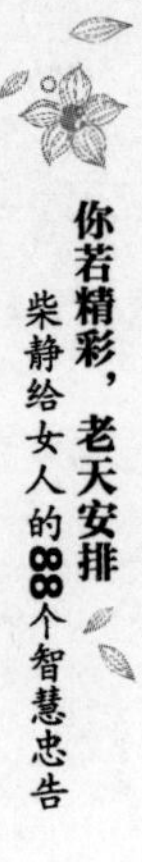

会交流的女人最有人格魅力

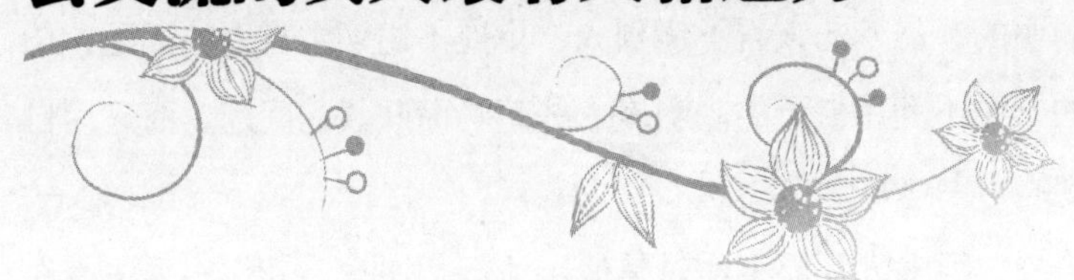

55. 柴静的说话之道：优雅和礼貌

电影《小时代》里，顾里是个理智、冷静、说话很毒的傲娇女王。对此，有人崇拜，说她“女王范”十足。也许只是因为在屏幕里，我们才有了这样的看法，试想，生活中有这样一个人与你颐指气使地讲话，你能否接受得了？

与顾里不同，柴静的说话方式是冷静而克制的。这点和顾里完全不一样，后者机关枪似的语速让人喘不过来气，态度倨傲，生冷的语气让人如隔重山。而柴静，她的声音不高，语速不快，总能让人感到一种心安的舒服。跟她聊过天的总说：“跟柴静聊天是一件身心愉悦的事。”

有朋友说，柴静的言谈让人想起了著名演员，高贵女性的代言人——奥黛丽·赫本。赫本举止优雅，言辞美丽，所以人们都说：“任何人只要看到奥黛丽·赫本，一定是高兴的。”正是因为讨人喜欢的性格和说话方式，她在演艺生涯结下了很多圈内好友。摄影师鲍勃·威洛比就曾说过：“好莱坞里百分之九十九的人，我都不会把他们带到我家去，但赫本是一个我很乐意招待的贵宾。”

柴静与赫本，都是用优雅和礼貌来诠释“女王范”的典范。相比之下，那些和男性称兄道弟，聚在一起聒噪地聊天，间或夹杂着粗口，甚至在公众场合面不改色地跟男性讲着黄色笑话的“女王”，就少了几分贵气，多了几分痞气。这样的女性自认为非常豪爽，是男女平等的典范。实际上，哪怕是正在与之谈笑的男性，也不会把她当成有品格的女性从心底加以尊重。

女王范的标签不是粗鲁和生硬，而是低调与礼貌。粗鲁的言辞一定会让女人失去人缘，所以，女人一定要注意磨炼自己的说话方式。

首先，粗口是一定要禁绝的。一直以来，说粗口都被认为是最没有礼貌、最低俗的。过去这种现象在男性身上体现得更明显。但是，近些年来，随随便便说粗口的女性正在增多。很多女性认为，既然男女平等，男性说一些粗犷的话会被认为有男子气概，女性为什么不能说？这完全是曲解了男女平等的含义，也是在为了不愿磨炼自己找借口。人在极度气愤下，说粗口其实是难免的。但是真正的绅士、淑女是在任何情况下都能控制自己的言辞的。

其次，不必要的撒娇也应当避免。粗鲁的语言不仅仅是粗口，有些不分场合过度的撒娇，听起来也是不舒服的。比如某人取得了成绩，有些女性去恭喜的时候会说：“哎呀，恭喜你哦！你看看，我都才知道呢。真是的！一定要请我吃饭哦！”这样絮絮叨叨的恭喜之辞毫无意义。请别人帮忙时，不说“不好意思，可以帮我吗？”，而是“帮人家一下啦”听到什么稀奇的事情，就睁大眼睛：“讨厌！瞎说的吧？”这种撒娇意味很明显的说话方式，偶尔使用会让人觉得可爱，但长期使用，只会被人视为不成熟。

再次，女人对流行语的使用也要有所克制。女人凑在一起时，常会把搜集来的流行语大说特说。如果只是在自己的圈子里，倒是没什么问题。如果还有外人在场就不太合适了。真正的“女王范”不会只顾自己的小团体，还会照顾到周围的人。这点柴静在采访中深有感触，因为每天要面

对形形色色各种人，从一种人身上总结的语境，若是生硬地套用在别人身上，常会使得采访对象十分别扭，结果自然是得不到好的采访效果。举个生活中的例子，几个闺蜜一起看了一部电影，其中三个是资深影迷，另一个只是普通观众。那三个人在评论时就会搬出很多专业名词，诸如：“不觉得手提摄影其实很棒吗？”“景深镜头再多点就好了。”“场面调度方式太陈旧了。”剩下的那个人就会很不痛快，有一种被排挤的感觉。这样说话的那三人，是没有察觉也好，潜意识想要炫耀学识也好，都是不正确的交流方式。

最后，女人在表达不满时，也应注意语气。去服装店和餐厅时，如果不满意，跟朋友小声交流是可以的，但不要大声说出来，“那家店新款上的比这间快多了！”“比萨的乳酪都没有化开！”。有意见可以找来服务人员，心平气和地讲清楚。在服务性质的店里说出没有优雅品格的话，多半是因为抱着“付了钱什么都行”的想法。这种想法，不是一个真正优秀的女人该有的。

当然，除了上面提到的这些，我们从柴静和赫本的说话之道中，还能总结出一些小技巧，比如放低音量，好让别人仔细地聆听；放缓语速，给别人充分的理解时间，等等。总之，要想做一个新时代的“女王”，光有风行草偃的气场是不够的，你还要有春风化雨的言辞，别人才能对你彻底地“臣服”。

56. 交谈有修养，效果最有效

语言是一门大学问，在与人交流时，如果运用得当，能让它发挥巨大的力量。

记者与主持人谈话的技巧是一门硬功夫，柴静早已在历练中变得驾轻就熟。

柴静在采访中常面带着深邃而又内涵的微笑，问出的问题却一个个犀利尖锐，所以有人赞叹她为“温柔杀手”。柴静自己也喜欢用江湖来形容她的采访。这位小女子初入江湖的时候，她也曾“拣本《葵花宝典》闭门自修”，得到些许的武功秘籍就恨不得把全身的功夫都用来显示，于是她也有过被领导、前辈和观众批评的时候。在第一次受了批评“心转过这个弯儿眼睛还没有转过弯儿”的时候，紧接着下一个新的考验又来了。

刚接触对抗性采访时，柴静的理念是在采访中充满质疑精神。做到精心设计、思维缜密、气势凌厉、步步紧逼，达到“一剑封喉”的境界。最后把对方逼得无路可退，乖乖缴械投降。但在长期的锻炼中，柴静感悟到，采访并不是要凌厉、要逼迫，不是非要像审讯一样把对方问倒，这种方式有时候是在滥用记者的权力，是一种粗暴的采访。后来柴静就不再像以前那样急于用“血腥”的方式采访了。

在柴静看来，采访的境界是“不见刀光剑影，却见衣衫尽裂”，不必张扬外显，避免剑拔弩张的对峙，而是与对方智力的较量。

柴静还幽默地假想了一个场景：

月黑风高夜，两个人对峙着，提着剑。

一人说：“给钱！”

答："不给！"

再说："给钱！"

再答："不给！"

于是，一阵风过后，藏钱者的衣衫尽裂，"啪"，从腰间掉下一袋银子，但人毫发无损。

柴静说："记者要的就是这包银子，而不是别人的性命。"

柴静所说的"剑客对峙"并不仅指对抗性采访，而重点在于记者怎样提出关键性的问题，引导对方说出贴近问题核心的话，使观众更能清晰而有深度地看到问题的来龙去脉。

2007年8月，柴静就山西治理污染问题采访当地的负责人。

问："之前也一直在说治理污染，但关闭了旧的，往往可能又有一批新的开出来，为什么？"

答："为什么以前管不住？是因为责任制和问责制没有建立起来，没有真正落实。就算经济总量第一的地方，考核官员时，环保不达标，就要一票否决，钱再多，官员提升无望。"

问："也有人怀疑，它会不会只是你任期的一个运动，过去了，可能会恢复常态？"

对方沉默了一下，说："我刚才说到的，一个是责任制，一个是问责制，只要这两条能够认真坚持的话，我想不会出现大面积的反弹。"

问："为什么不能在污染发生前，就让公民参与进来去决定自己的生存环境？"

答："你提了一个很对的问题，一定要有一个公民运动，让公民知道环境到底有什么问题，自己有哪些权利，怎么去参与，不然……"

柴静并没有质问对方，而只是心平气和的短短几句话，却深挖出污染企业层出不穷的原因，哪怕是负责人最后的沉默，都足可以呈现问题处理的艰难。

中央电视台特约评论员杨禹对柴静的评价是"电视人里少有的有逻

辑思维的人”，她跟被采访者的智慧与情感的碰撞是很丰富的。柴静的问话，表面上冷静平和，其实是外松内紧，在微笑、倾听的同时，逻辑思维缜密地推动她的谈话，使采访对象不知不觉间就表达出自己的真实想法。

社交理论中说，交谈中，别人的情绪往往由你来管理。柴静的采访技巧教会我们怎样在与人交谈中保持良好的修养。即使讨论有分歧的问题也不要攻击别人，而思路清晰，心平气和，既把问题说清，又避免让对方感到尴尬和紧张。这样才能让对方说出真实的想法，真正达到沟通的目的。

57.“会听”的耳朵胜过“会说”的嘴巴

与人交往过程中，我们会发现，人往往对自己的事更感兴趣，对自己的问题更在乎，也因此喜欢通过喋喋不休来表现自我，很少会主动安静地倾听别人。这点对做主持人的柴静来说，也深有体会。

柴静在主持生涯的初期，也习惯用质问，用咄咄逼人的方式来交流，这让采访对象常常招架不住。那时的柴静在镜头前极富表现力，时而拎着高跟鞋去追一个孩子，时而屈身近前去握住当事人的手，时而在被采访对象明显说谎时身体后倾，露出讽刺的微笑……所以，有人批评她更像一个“倾诉者”，而不是调查者、倾听者。

后来，她在批评和挫折里开始反思自己的主持方式，她从美国著名主持人芭芭拉的采访技巧中发现：有时候，介入得少一点，似乎更有利于信息的挖掘。虽然机关枪似的逼问能带来不少蛛丝马迹，但也仅止于此。采

访说到底是人和人之间的交流，而没有哪个人希望在交流过程中一直被别人掌控话语权。

于是我们看到，在《失却的光明》里，柴静在面对因为主治医师医治不当而导致患者失明的残联主任时，给了1个多小时的时间，进行没有打断和嘲讽的倾听。柴静听她的诉苦，听她的懊悔，听她的心声。最后，残联主任失声痛哭，说从没有一个记者愿意这样听她说话。柴静说，她只是“希望尊重基本的事理人情”。

柴静的倾听式采访有其职业特性的需要，因为采访需要公正，主持人不能先入为主地带着自己的偏见来面对受访者，但在生活中，在工作上，很多女人却无法秉持“公正”的态度来与人交流。因为正如柴静展现的那样，公正意味着平等，也意味着耐心。有几个女人能安安静静地听别人叨唠一个多小时而不发一言呢？更多的时候，她们自己还有一肚子苦闷要倾诉呢！

不过，回头想想，也许正是因为女人缺乏耐心，所以才会积累一肚子需要倾吐的怨气吧！每件事只做一部分，每个问题只解决一半，才会不断累积成一团乱麻。若是能够像后来的柴静一样安安心心地把每件事做好，耐耐心心地听别人把话说完，也许就不会有那么多烦恼和误会了。

除了耐心，柴静认为好的倾听还需要宽容。柴静说：“当你面对谎话、言不由衷的话，要控制自己，要同样尊重他讲话的权利。”很多女人与人交谈时，对方有一点假话、大话，或者是没常识的蠢话，都会立刻招来她们的戳穿、嘲笑。其实，这种做法只是逞一时之快。毕竟，谁没有失言的时候呢？别人偶然的失言若是换来你无情的嘲讽，那最后导致的就是永远的生疏和猜忌。所以，柴静希望女人在倾听的过程中，不断放宽自己的心量，心量越大，能听到的就越多，听到的越多，懂得就更透彻，气度也会越来越大，这是倾听带来的良性循环。

由此，我们不难看出：“会听”的耳朵比“会说”的嘴巴更重要。与其滔滔不绝地谈论自己，倒不如静下心来，听听别人想说什么。柴静提醒女人：不要总奢望做人群中的活跃者，以自我为中心，在喋喋不休之中让自己占尽谈话的“风头”，而忽视了别人也有谈吐的欲望。不要在有意无意间伤害了别人，也让自己失去好人缘。

58. 委婉的措辞永远强过直接的批评

人们在交谈之时都不愿与对方发生不愉快的争论，尤其是熟悉的人之间，当既不想产生尴尬又要把问题说明时，就要把握好语言的分寸。

2007年，“真假华南虎”事件引起舆论轰动，《新闻调查》制作了一期名为《虎照疑云》的节目。作为记者，柴静采访了拍照人、当地政府官员、做出鉴定的专家、虎照质疑者等一系列相关人员。认真细致且逻辑思维缜密的柴静巧妙提问，剥茧抽丝般把事实从谜团中剥离出来。

在采访当初做出华南虎存在鉴定的专家时，柴静心中略有些为难，她回忆道：“老教授满头白发，在他家里采访时，他给我们每人倒杯水，待人接物的柔和像我们自己家里的长辈。采访时，他神色里的迷茫或者难堪，让看的人心里都会软一下，想‘那个问题还是别问了吧’。”但是为了求得事实真相，柴静坚持问了下去。

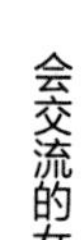

柴静：“您有没有发表过关于华南虎的论文？”

教授：“我没写这个。”

柴静：“您有没有在华南虎的基地做过专项研究？”

教授：“没有。”

柴静：“就是说您是在没有研究过华南虎，也没有实地考察的情况下，做出这个地方有华南虎的判断的？”

教授：“只能是根据我搞动物分类学，这个角度上我认为它应该是华南虎。”

柴静：“您是研究田鼠的，刘教授主要是研究金丝猴的，还有一位许教授主要是研究鱼的？”

教授：“对。”

柴静：“听上去这些跟华南虎差距都挺大的。”

教授：“人家要开鉴定会了，省上没有研究这个的，他只能是找动物学工作者。”

柴静：“假如是一个关于田鼠的鉴定，可是由研究华南虎的专家来做，您觉得合适吗？”

老教授想了一会儿，说：“好像也不太合适……”

在这一段对话中，柴静没有运用任何质问的词句，而是靠一个个具体而巧妙的问题，使语气平和的采访环环相扣，层层递进，至于这份鉴定书的说服力和可信度，自然显而易见。

在这次采访过后，柴静感触道：“记者应该是对事苛刻，对人宽容。”而想要做到这一点，就要考验驾驭语言的智慧。在不能把话说得太硬的前提下，却要把意思表达清晰。这要比板着面孔用刚硬的语气去质问别人强百倍。

除了掌握提问的技巧外，当我们遇到尖刻的问话时，也不应马上翻脸与提问者发生争吵，而应在回答时做到语气平和，同时有理有据，果断坚定。

在冯梦龙编纂的《智囊》中，讲述了这样一段有趣的故事：

东汉时的袁隗（袁绍的叔叔）娶了马融的女儿，因为妻子家世显赫，嫁妆十分丰盛，对衣着装扮也非常注重。妻子刚嫁入袁家时，袁隗问她：“妇人在家里只是做做洒扫、整理一下家务之类的事情而已，你为什么要穿得这么华丽？”

妻子答：“父母的怜爱我不敢违逆，如果夫君仰慕鲍宣、梁鸿这些人的清高，愿意效法他们淡泊功名利禄的话，我当然也愿效仿他们的妻子追随夫君。”

袁隗不服气，又说道：“在一个家庭中有兄弟二人，如果弟弟比哥哥先被推举得到功名的话，世人就会嘲笑那个哥哥。可是现在你的姐姐还没出嫁，你怎么就先嫁了呢？”

妻子答：“我的姐姐品格高尚，相貌美丽，一时间还找不到般配的人，不像我眼光鄙俗，对一些事情马马虎虎也就算了。”

袁隗问：“岳父大人学识渊博，而且辞赋文采也声名远扬，只是，为什么他做官的属地常常有贿赂的传闻呢？”

妻子答：“即使是孔子这样的圣人、子路这样的贤者，也曾遭到诬陷。我父亲会遭到小人谗言毁谤，也就不足为奇了。”

经过一番机锋暗藏的对话，袁隗自觉辩不过妻子，只好闭口不语。

可见，无论是提问还是回答，在交谈中，即使我们的见解再正确，立场再坚定，委婉的措辞永远强过直接的批评和指责，利用暗示给对方思考和挽回颜面的余地。这种锋芒内藏的功夫并不会使我们的语言减弱力量，反倒会显示出我们更高的修养，更深层的智慧，使交谈更容易顺利进行下去。

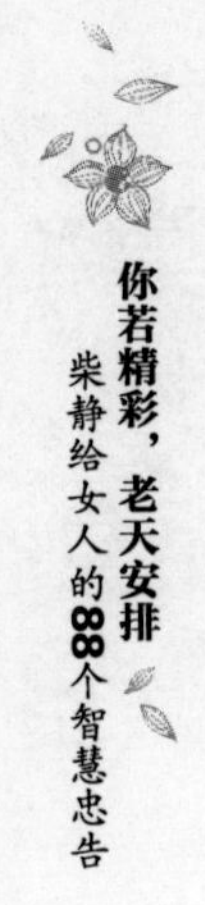

爱情不是女人的唯一糖果

59. 柴静论爱情：不苦求，不逃避

七情六欲是人之常情，每个女人都会无法避免地爱，和被爱。但女人往往也因此生出了恨，生出了悲与苦。甚至，情爱可以说是女人一切纠结的根源。女人觉得生活是顺心还是失意，都离不开对"情"这个关键因素的考量。即使一个女人家财万贯，如果身边缺乏一个可以携手共赴生死的人，那她也不会觉得有多么幸福。

当然，我们也不能任凭自己一头栽进爱情的海里淹死。我们都是"有情众生"，有情在所难免，但情过重就可怕了。正所谓"情不重，不生婆娑"，女人往往因为情重，才生出各种各样的烦恼。

那我们究竟怀揣怎样的恋爱观才合适呢？一次访谈中，柴静用莱蒙托夫的一首诗来表达自己的观点："一只船孤独地航行在海上，它既不寻求幸福，也不逃避幸福。它只是向前航行，底下是沉静碧蓝的大海，而头顶是金色的太阳。"这就是淡定的柴静的答案：对爱情，不苦求，也不逃避。

对无缘之人，有的人不懂拒绝，有的人却拒绝得过于决绝，甚至有点逃避的意味。其实，大千世界，芸芸众生，又有谁和谁之间是完全无缘的呢？只是有的线长，有的线短，有的缘深，有的缘浅罢了。既然如此，我们就不该过于排斥无缘之人，只需将自己的立场表明就好，不必刻意抽身离去，伤害别人的同时也打扰了自己的清净。

对有缘之人，苦求是我们最常犯的毛病。虽说很多人都知道这是毛病，却没几个真心希望自己痊愈的。我们若不能稍稍放松一点手里的姻缘红线，那要么会将身边之人勒得窒息，要么会把自己的手心勒出伤痕。柴静接受记者采访时说："就算附加在爱情这么美好的状态下，盲目也是个挺可怕的词。"所以，柴静追求"每一分每一秒都要清楚地活着"，不盲目，不苦求，即使在恋爱的时候，也是如此。

相对于逃避，苦求造成的恶果，往往是灾难性的。柴静在《夜色温柔》中听到这样一个故事：小尚说自己一直都是痴情种子，跟葛峰在一起相处了六年，从来都没有想到过放弃。大学的时候，两个人不在一个城市，有时半年都见不到一次。周围的姐妹都忙着打扮约会，自己只能孤零零地躲在被窝里看小说。即使是这样，小尚也从来没有抱怨过，每次接到葛峰的电话，她都觉得自己很幸福。转眼毕业了，两个人都在期望能够分到一个城市，可是造化弄人，葛峰南下，而小尚成了北漂一族，两个人的爱情再次受到了考验。虽说距离产生美，但是对于爱情来说，距离未必就是美，有时候两个人说着"再见"，这就有可能是"再也见不到了"。一年后，葛峰向小尚提出分手，两个人的爱情就此终结。

小尚说，跟葛峰分手的日子，是她有生以来最难过的日子。她每时每刻都能回忆起两人在一起的点滴，就好像拿着一把显微镜一样，以前那一点点的甜蜜也能成为回忆里最大的幸福，可是幸福过后，就会是一阵难忍的疼痛。她有几次忍不住，跑到葛峰的城市去祈求复合，都被葛峰冷冷拒绝了。

过了很久，小尚才逐渐接受现实，开始习惯一个人吃饭、一个人逛街、一个人散步，好像又回到了和葛峰认识以前的日子，甚至生出一种

久违的亲切感。她在日记里郑重地写道：“两个人的甜蜜固然值得回味，一个人的生活也别有一番趣味。任何时候，都不能保证总有人来爱你，所以，我要学着一个人快乐地生活。”

小尚是聪明的，因为她和柴静一样，终于发现了：爱情不是占有，因缘也无法贪求。情感并不是付出多少就能得到多少等价交换的钱财货物，有的时候，我们难免会品尝到失去爱人的苦涩，错过有缘人的懊悔。但我们必须告诉自己：要去拥抱，而不是拥有。

因为，在寻爱的旅途中，最重要的不是某个有缘或无缘的人，而是一直有阳光普照的乐观，和孤帆远行的勇敢。这种女人，无论何时都能体会到“底下是沉静碧蓝的大海，而头顶是金色的太阳”的笃定与温暖。

60. 即使没有爱情，也要活在明媚的春天里

在《用我一辈子去忘记》中，柴静回忆了她在北京广播学院求学时的一段经历。报到的第一天，她发现宿舍的每个姑娘都在埋头写日记，她感慨：“到这个城市来的人，心事都这样重吗？”柴静背靠枕头听歌，齐豫动听而忧伤的歌声传来：“迷人的是忠诚还是背叛。幸福是自由还是牵绊？”柴静想了想，写下答案：“迷惑极了”。

友人给柴静写信，写道：“女人和女人，越亲密，越觉悲凉，然而与男人呢——大多像偎着微温的小火取暖。”字里行间充满寂寥和伤感。柴静回信鼓励她重新留起及腰的长发，即使没有爱情的滋润，也要在明媚的春天里，露出自己“白杨树干一样笔直的腿”，“像一面旗帜一样在风里走”。

另一个友人则发邮件告诉她："如果不是因为情欲或是极想要孩子，我不觉得有男人的必要。"柴静建议她：不如离开乏味的新加坡，去寻找一个有玛格丽特，有杜拉斯笔下的热烈情人的国度。

虽然自立的柴静一直以勇气和热情鼓舞着身边或为情所困，或对爱情失去信心的姑娘，但也许正如柴静所言："爱情是女人的信仰，只是教主太脆弱。"她写道："电台里正放王菲的老歌《誓言》：'如果你能给我一个真诚的绝对，无所谓，我什么都无所谓'，那是多久前的誓言？此时满世界正炒作她是如何被背叛的。"连天后都免不了遭受爱情的伤痛，又何况那些普通的女人呢？

英国诗人乔叟有句名言可能并不受到女人们的欢迎，他说："爱神和其他诸神一样，也是自由自在的。"因为自由，就难免有选择，有背叛，有伤害。因此，很多女人在爱情的世界被伤得体无完肤，甚至产生轻生的念头。

有这样一个女孩，她是一个美丽、温柔的女孩，却曾为一个男人自杀。他提出分手，她在电话里跟他吵架，要他回到她身边。他说："很多事是不能勉强的。"于是，女孩愤然用刀割开了自己的动脉。女孩没有死，他也没有回到她身边。现在，她说她不后悔，她说那个时候的她的确可以为他死。不过，现在她不会那么做了，不会为任何一个男人。

当然，若想不被爱情拖累到无法喘息，最好的办法不是对爱情彻底死心，而是像柴静一样，找到除了爱情以外，能够屹立在这个世界上的东西。你问问那些为爱情轻生的男女，他们的动机是出于爱吗？还是他们不能忍受被对方抛弃？一个人因为另一个人的离开而自寻短见，往往只有一个原因，就是除了那个人以外，他或她一无所有。一无所有的人自然会像抓住一根救命稻草一样抓住另一个人——哪怕这样会让那个人窒息。这样的结果，往往是两败俱伤。

柴静提到过《圣经》里摩西出埃及的故事，故事里，古代贤者摩西在带以色列人走出埃及时，用神杖将红海的海水分开，领大家安然走了过

去。在情伤的红海面前，每个女人都该学会做自己的摩西，找到属于自己的神杖，不逃避，不退让，安然度过，并全身而退。

前面故事里试图自杀的那个女子，如今是一家大企业的老板，她拥有越来越多的员工，自信是她心里的摩西，员工是她手里的神杖，她当然不会再舍得去死。一无所有的人，才会觉得活着没有意思。寻死，不过是惩罚自己的一种手段，可悲，却不可怜。

其实，回头想想，爱情有时候就像LV包，是感情里的奢侈品，有则珍惜，没有，也应该很好地活下去。说到底，生活是多姿多彩的，爱情只不过是人生旅途上的一个小小驿站。别过分痴迷爱情，聪明一点，把你的那份沉迷爱情的激情分出一半，给亲人、朋友、工作、梦想，也给自己。这样的生活，也许更加温暖而有趣。

61. 执著于爱情，而不执著于某个人

柴静曾在日记这样描述自己对爱情的看法：“对于美和爱情，我一再被表象和幻觉所蒙蔽，没有触摸到它的根须，双目所见，双耳所闻，都不能让我信任。我要在巨大的黑暗中，靠我的双手最敏感的指尖触摸它，哪怕是在生命的尽头。”知性如柴静，也对爱有着深沉而持久的向往，这就难怪普通女人们更对它趋之若鹜了。

但是，很多女人似乎混淆了一个事实，那就是，“对爱情的执著”与“对某个人的执著”是两回事。女人应当像柴静所说的那样，用一辈子去触摸美好的爱情，而不是费尽心力地拴住具体某个人。

面对那些矛盾重重、步履蹒跚的爱情，选择在一败涂地前转身，就是

成功。

放手并没有减损爱情的美妙，正相反，有时，当我们放手了，才能抽出手臂，去全然地拥抱世界和自己。恩格斯在21岁那年，曾失恋过一次。他在自己的日记中写道：“还有什么比痛苦的失恋更高尚和更崇高的痛苦——爱情的痛苦更有权利向美丽的大自然倾诉!”他果然去向大自然倾诉了，他越过了阿尔卑斯山，又到了意大利，很快，就在大自然的怀抱中医好了心灵的创伤，找回了生活的信心。普希金在失恋后也远走高加索，参加对土耳其的作战，在硝烟弥漫中冲洗掉失恋的惆怅。试想，一个经过生命与死亡痛苦挣扎的人，还会怕其他痛苦吗？相比之下，失恋的痛苦只不过是像被蚂蚁叮过一样，只是有点微痛而已。

所以，柴静告诉我们：在爱情里豁达，其实也是对自己的宽容。

来看一个现实点的例子吧：24岁的刘佳和男友经历了5年的恋爱长跑，其间有过无数次的争争吵吵，分分合合，可最后两个人还是在一起。就在两个人快要结婚的前一个月，因为一些生活习惯的问题再次爆发了激烈的争吵。以前数次的争吵，总是过不了多久就会重归于好，可这次，刘佳觉得两个人都属于个性极强、急性子的人，以后遇到矛盾谁能忍让呢？难道结婚以后也一直这么吵下去吗？她已经对这种周而复始的争吵厌倦了。

她想起过去买的一双鞋子，很漂亮，像一双精致的工艺品。就是因为太喜欢那双鞋子了，当初试穿时虽然左脚有些挤脚，可店里又没有第二双了，她还是买了下来，以为多穿穿就会适应了。没想到过了很久，还是不合脚。每次穿着它出门都得忍受疼痛，回到家左脚的脚趾都会红肿。后来这双靴子只好一直放在鞋柜里，每次换鞋时看到它，都会遗憾地摩挲一下它精致的鞋面。

刘佳现在看到她的男友，就会想起那双鞋子。当初在一起时，只是出于爱慕，但并不了解男友是否适合她。当她发现两个人彼此不合适的时候，在一起已经太久了，谁也不忍轻易放弃，维系两人关系的其实只是一种不舍的心情。漫长的5年并没有使两个人和谐相处，而依恋却很深。就这

样两人走进了一个死胡同，只要两个人在一起，就不免碰撞得血迹斑斑，然而时间越长，就越不舍，于是两个人在伤口愈合后，又开始彼此之间新的伤害。

所以，刘佳最后决定放手。虽然一开始也痛不欲生，但许多事，说着念念不忘，其实很快就过去了。现在的刘佳，有一个幸福的家庭，丈夫优秀，儿子听话。虽然她偶尔也会想起从前的点滴，但也只是庆幸自己，没有强留那双华丽却不合脚的鞋子罢了。

有句话说得好，恋爱就是两个人拔河，只要一方放手，另一方必然摔倒、受伤。所以有人就学会了少用点力，少付出点真心，以为这样最保险。其实，这并不是最好的方法。与其吝啬自己的真心，冷落真诚对你的人，不如学学自立而成熟的柴静，放宽自己的心，将更多更美好的事物容纳进来，这样你的脚步就会更加沉稳，自然不会轻易倾覆。

女人们，请记住，即使你失恋了，失去的也只是一部分，而不是生命的全部。

优雅柴静，内涵是她最好的化妆品

62. 追逐社会地位，不如雕琢生活品位

在这个功利的时代，不仅男人垂涎于权力和地位，很多有能力的女人，也都对此暗藏野心。只是，她们似乎没有注意到，地位带来的只是一种高高在上的错觉，而她们的生活，其实更需要精致的、充盈的快乐。所以，柴静建议有能力的女人：与其追逐社会地位，不如雕琢生活品位，做一个新时代的“品位女人”。

那怎样才能算一个有品位的女人呢？柴静认为：有品位的女人会用自己的眼睛发现身边的美，并用心去感受它。其实品位的培养并不复杂，每一个关心生活，又注重细节的女人，都有机会成为“品位女人”，一首歌、一本书、一杯茶……都可以在潜移默化中帮助女人提升品位。

音乐让品位女人更有味道。柴静从小就是个乐迷，在长沙主持《夜色温柔》时，更是成为了很多听众的音乐向导。蔡琴、齐豫、郑智化等人都是她的挚爱。她后来写的一本随笔集甚至就是用郑智化的一首歌名来命名的。旋律给了柴静优雅的气韵，歌词给了柴静突出的文笔。而对一般女人来说，在假日悠闲的午后，闭上眼睛，走入音乐的世界，跟随旋律的脚

步，或想象自己漫步在斜阳下的山坡上，沐浴着清香的微风；或想象自己静坐在斜阳西照的花园里，追忆往事……也是很好的放松与陶冶。美丽的音乐会让生活中的一切烦躁都变得云淡风轻，也会在不知不觉中安抚现代女人的浮躁心境。

读书让品位女人更充实。柴静是个极爱书的人，这在女人当中十分少见，甚至跟很多男性“书虫”相比，她都是特例。柴静和文化圈的人走得很近，饭桌上，许多文艺界名流在谈古论今时，在座的女人除了柴静，一般都只有默默夹菜的戏份。柴静用自己的亲身经历告诉女人：腹有诗书的女人，好比一坛尘封许久的女儿红，打开来，香气扑面，令人迷醉。同时，柴静还认为：经典的书籍能让女人洞察世事的目光更加通透，并使她的文字与众不同，给人一种“可远观而不可亵玩”的清冽。这样的女人和她的文字会历久弥新，让人回味悠长。

旅行让品位女人更豁达。柴静喜欢旅行，所以她才对央视这份经常出差的工作甘之如饴。对于大多数女人来说，旅行是漫无目的的行走，直到遇到好风景、好人情，再也迈不开步伐。这样没有什么不好，柴静也不喜欢给旅行附加太多多余的意义。但是，旅行毕竟是一趟“行脚”，途中总会发现些什么、改变些什么。地点的变换，风景的特殊，更多的会演变成我们心里的一种或缓慢或剧烈的转变。这种转变，柴静认为：能让我们听见“莲开的声音”，画出“玫瑰的味道”，更不用说描摹出人世间的其他温暖美好了。

装扮让品位女人更美丽。柴静的穿着虽然朴素，但不失优雅大方。很多颁奖礼上，她一身紫色西服套装，搭配同色的半身裙，简约优雅，又不失亲和力。装扮是女人的第二语言，哪怕不交谈，它也一目了然地告诉别人，你的职业、品位、个人气质和文化层次。而且，正如可可·香奈儿所言：“永远要以最得体的打扮出门，因为，也许就在你转弯的墙角，你会遇到今生至爱的人。”所以，学会适当地装扮自己，是每个女人的必修课。

茶道让品位女人的心更沉静。如果问有哪个女人能当得起“淡如水，浓如茶”的评价，那柴静必然是候选人之一。柴静的经历就像泡茶的过程：几经沉浮，不断翻泡，才成就了最后清冽悠远的茶香。现在有很多女人开始学习茶艺，这的确是提升品位的捷径之一。好茶一壶，能让女人的心更加宁静，并散发出柔美内涵和女人独有的味道。在享受片刻纯净之余，女人还能通过茶道收获耐心、细致、笃定的心境，这种心境，正是举止优雅的基础。

厨艺让品位女人更幸福。大学毕业后，由于没有听从家里的安排回老家工作，柴静就此开始了自己完完全全的独立生活。在那些独居的日子里，柴静练就了一手好厨艺。对柴静而言，做饭的过程，就是自己和食物交流的过程。她向来中意“人和人生命的往来”，也中意“人和自然亲密的接触”。而对一般女人来说，系上漂亮围裙，挽起缕缕长发，走进清淡雅致的厨房，切丝削片，快炒慢炖之间打点出曼妙美味，或是煲一锅好汤，与心爱的人一起分享，何尝不是女人的另一种韵味呢？

除了这些，女人还可以从很多方面提升自己的生活品位。因为品位并不是一种单纯由金钱堆砌的“层次”或“标签”，它更多的是一种心灵的状态，是灵魂的惯性。我们从来不会吝啬把“美女”的头衔送给一个女人，但我们却很少夸一个女人有品位。那是因为一个好看的女人最多让其他女人嫉妒，而一个有品位的女人，连大多数男人都会嫉妒。一个拥有独到品位的女人，快乐中不乏优雅，满足中又充满自信，即使没有钻石的陪衬，也能让终日蒙尘的生活，重新变得闪闪发亮。

所以，做一个如柴静般有品位的女人吧，你拥有的将是时间都无法打败的美丽！

63.“贵妇人”——用一生去修持的完美境界

现代很多女人都想做“贵妇人”，过上“富贵”的生活。但当询问她们是否理解“富贵”的真实涵义时，得到的却往往是狭隘的回答。富贵富贵，看起来“富”和“贵”是并称的，但仔细想想，所谓的“富”很容易，无外乎兜里多揣点钱，但是，想“贵”就难了，这里既有待人接物的得体，也有颔首低眉的谦虚，还有运筹帷幄的智慧，绝非金饰华服的装扮而已。

对于年轻女人来说，她们缺乏的不是殷实的家底和天赐的机遇，而是良好的人格修养和从容淡定的气度。有句话说得好：“年轻人缺的不是财富，而是获得财富的境界。”现在的年轻女人正是因为急功近利、毛毛躁躁，所以越是追求富贵，越是碌碌无为。

那如何才能既富且“贵”呢？柴静建议我们不妨去“贵族”的发源地——英国看看。如今国内许多有钱人把孩子送到英国去念贵族学校，希望他们将来也能成为贵族。但当他们到了英国最好的学校——伊顿公学时，却发现真正的贵族训练并不是想象中的住别墅、打高尔夫、参加上流社会的聚会、对管家和仆人呼之即来，挥之即去。而是睡硬板床、吃粗茶淡饭，同时还要接受非常严格的训练，远比平民学校的学生艰苦。他们很难明白这种苦行僧式的生活同贵族精神究竟有什么联系。

其实，英国，乃至整个西方崇尚的贵族精神并不是暴发户精神，不是穿金戴银、挥金如土，它是以责任、和善、勇气、自律、荣誉等一系列价值为核心的“先锋精神”。

首先是责任。英国的哈里王子当然算是贵族，但他从军官学校毕业后还是被派到阿富汗前线，当了一名机枪手。英国皇室自然知道哈里王子高贵的身份，也知道前线的危险。但是在他们看来：为国家奉献自己、承担风险是贵族的本职，这才是他们能被称为贵族的真正原因。柴静也认为，责任心是贵妇人的重要标准之一，在2006年《南方人物周刊》的颁奖典礼上，柴静的获奖感言就是："我们要对自己的言论负责，所以在这个时代里我希望自己是一个有魅力的人，或者希望自己是一个负责任的记者。"在为国家，为社会尽责之前，柴静建议女人先学会为自己的言论、为自己的事业负责。

其次是和善。一般人描述贵人、贵族时，总是伴随着"高人一等""趾高气扬"这样的形容，但柴静指出：这跟真正的"贵"一点关系都没有。这是"傲"，不是"贵"。柴静用第二次世界大战时英国拍摄的一张著名照片来解释这一点：当时的英国国王爱德华到伦敦贫民窟进行视察，他站在一个东倒西歪的房子门口，对里面一贫如洗的老太太说："请问我可以进来吗？"对此，柴静感慨：这种对人的尊重，是已经溶入他们血液的东西。正因为如此，英国王室才能始终受到民众的支持，延续至今。

惭愧之心也是贵族精神的重要组成部分。柴静在《看见》中说：当我们在考量自己的生活是否令自己满意时，往往都是着眼于自身的欲望是否得到了满足，但我们忽略了这样一个事实，那就是有很多人连温饱都无法保证，更不用说追求幸福了。所以，柴静每次走在路上，面对身边那些拿着微薄薪水，却做着繁重的体力工作的环卫工人、建筑工人、保洁员时，心中总是既充满感激，又感到些许惭愧。因此，柴静总是在工作中更关注这些底层民众的生活。矿工、下岗工人、卖菜大爷、支教青年……这些都是柴静在《新闻调查》和《看见》栏目中采访过的人物。柴静说，和他们交流的过程，对自己的心灵是一次次的洗礼。

责任、平易、感激、惭愧……这才是一个"贵妇人"，一个初出茅庐又心怀远大的年轻女人所应该追寻的"贵"的境界。贵是高贵的牺牲，而

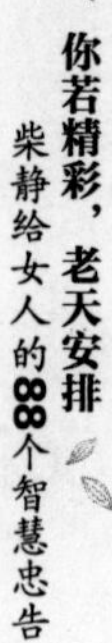

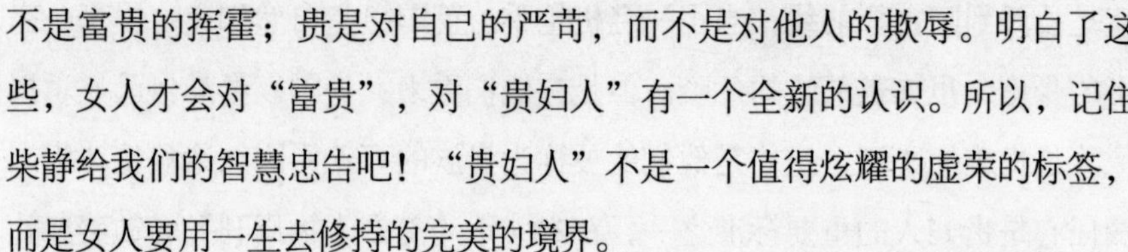

不是富贵的挥霍；贵是对自己的严苛，而不是对他人的欺辱。明白了这些，女人才会对“富贵”，对“贵妇人”有一个全新的认识。所以，记住柴静给我们的智慧忠告吧！“贵妇人”不是一个值得炫耀的虚荣的标签，而是女人要用一生去修持的完美的境界。

64. 腹有诗书气自华，美丽只因“秀外慧中”

世界有十分美丽，但如果没有女人，将失掉七分色彩；女人有十分美丽，但如果远离书籍，将失掉七分内蕴。读书的女人是美丽的，“腹有诗书气自华”。

早些年，向往自由的柴静喜欢戴藏饰，但这些年，她渐渐不戴了。相反，录节目时，制片人看她脖子的位置太空，让她必须戴一条项链，她也选了最小、最不起眼的那条。平时的穿着上，她也尽量简单朴素，你几乎见不到她穿华美的衣服，更不用说浓妆艳抹了。喜欢素面朝天的柴静，认为这样的自己更自然，更美丽。

那么，柴静都把别的女人用来化妆、买衣服的时间，用在哪里了呢？答案很简单：读书。柴静在接受采访时坦言：“如果我没有保持对阅读持续的兴趣的话，我一定是个语言无味面目可憎的人。这是肯定的。”在她看来，自己算不上美丽，更谈不上有魅力，如果再不读书，改善自己的内在气质，那她只能沦为一个自己口中的“面目可憎”的人。

在文字的世界里，柴静一面挖掘着作者的奇思妙想，一面雕琢着自身的晶莹剔透。在她只有四五岁时，她就学会了用小刀在墙上刻下“春眠不觉晓，处处闻啼鸟。夜来风雨声，花落知多少。”她说：“可能有的字还不太认识，刻错了，但是这里面的意思小孩子是明白的，因为某个春天的早上起床的时候我看到了，感受到了，但还表达不出来，古人的这几个字就是我当时的感觉啊，音乐、韵律和色彩的美，我就把它刻下了，这是文学的共鸣。”在这样的雕刻过程中，她发现：“人的心灵与心灵相见了，世界突然多了一个维度，让人觉得很深广。”

长大后，柴静读李娟的散文，当她读到李娟在阿勒泰的戈壁里，看到年三十放的两只烟花时的欢喜，柴静心中动了一下，因为柴静深深懂得这种清苦中的自得，这份孤寂中的欢喜。她甚至说：“那两只烟花，我也看见了！”

就是这样，柴静用漫长的时光在文字的世界里幻想，在文字的世界里共鸣，渐渐修炼出了现在的“知性”和“优雅”，也修炼出了她独有的气质和魅力。一次，在饭桌上，《读库》的创始人张立宪朗诵了一句小诗，柴静立刻就对出了下句，引来众人称赞。张立宪感慨地说：“很多人到了这个年龄，心智都处在半死亡状态，阅历和学识多靠吃老本度日。但柴静却在不断地升级刷新，这也是我们成为朋友的基础。”能让张立宪做出这等评价，柴静的文学素养可见一斑。

的确，阅读给了柴静丰富的内涵，而内涵才是女人最好的化妆品，是女人的魅力之源。

正如林清玄在《生命的化妆》中说的那样，女人的化妆有三个层次，其中一层的化妆就是通过多读书、多欣赏艺术作品、多思考来打造独特的涵养气质。真正有涵养的女人，根本不必追求潮流，因为由内而外的气韵早已让她赏心悦目，内在的成熟与丰富早就像一杯醇香的美酒让人陶醉。

著名主持人杨澜也曾说过，从没有人说她长得漂亮，她自认为长得很一般，但她从未因为无“花容月貌”而难过，反而觉得长相一般的女孩容易在其他方面努力。因为知道自己不管如何打扮都不可能光芒四射，那只好多看几本书，多做些别的事了。

的确，倘若一位女子度量狭隘，谈吐庸俗，纵使貌若天仙，也会使她

的美大打折扣。与之相反则是柴静和杨澜这样的，拥有无穷内在魅力的女人：善良、知性、优雅、大方……纵使外表平凡如常人，却总会在谈吐间令人刮目相看。与这样的女人相处久了，会越发发现她的可爱。

“书中自有黄金屋，书中自有颜如玉。”岁月的流逝可以带走姣好的容颜，却无法带走女人越来越美丽和优雅的心灵。书籍，是女人永不过时的生命保鲜剂。所以，作为女人，我们要懂得沐浴着知识的阳光，在书的海洋中悠然徜徉，将书的浩瀚，化为我们丰富而广博的心灵，周身散发出智慧的芬芳，做个“秀外慧中”的女郎！

65. 空谷幽兰，幽默才是智慧的火花

一个女人，她很温柔，很妩媚，她很有智慧，善交际，如果同时她也很幽默，令与她相处的人总感到愉快，这样的女人无疑是非常有吸引力的，她会吸引异性，也会让同性对她崇拜有加。

柴静在采访有“喜剧界的姚明”之称的黄西时，有过这样的总结：“成功的脱口秀，就是有一点观察，有一点思考，然后再有一点联想，最后用逻辑推到极致。把自己遇到的障碍和尴尬，推演到了极致，把它们变成生活的趣味，来提醒偏见的存在。”柴静据此提醒女人，幽默不仅是一种性格要素，更是一种生活智慧。在生活中我们应该努力学会做一个幽默的女人，懂得用开朗的心去欣赏人生。

柴静在《夜色温柔》里介绍过这样一个小故事：一对刚结婚不久的小夫妻，因为年轻气盛，为一件很小的事就大声争吵起来，两人又都在气头上，所以，谁也不肯让谁。一怒之下，妻子拿出旅行箱开始收拾自己的东

西，说要回娘家。丈夫没搭理她，而是自己坐在一边生闷气。

妻子收拾完衣物后，一伸手跟丈夫要路费，丈夫拿出20元钱递给她，一句话也没说，妻子拿着钱却没有走的意思，直愣愣地看着丈夫。终于，妻子忍不住生气地说："我回来的路费你不给报啊！"丈夫看着她，平静自若地说："带着我这么大的一个钱包，还抵不了来回的路费？"

眼看着就要开始冷战的两个人，因为妻子一句幽默的调侃和丈夫同样幽默的回应而重归于好。其实，善用幽默的女人不仅能够很好地处理家庭关系，她与同事、朋友相处也能够游刃有余。这样的女人，才算是真的聪明。

幽默是生活中的调味品，是一朵智慧的火花，也是生活、工作、交往中的润滑剂。一个女人，越是才华出众，气质高雅，美貌过人，就越不能没有幽默。幽默的女人是一部保健书，她的每一句精辟言论都深藏着让他人笑逐颜开的理由，人们会因为她而变得格外通透。

2009年，网上有一篇名为《央视著名主持人柴静涉嫌受贿今日被捕》的谣传帖子甚为流行，本来对这些谣言，柴静一直都是一笑置之。但这次的谣言似乎来势汹汹，连她的朋友都来问她发生了什么事。不得已，她只得公开辟谣。但和一般名人辟谣时的义正词严不同，柴静的辟谣不失幽默，让人会心一笑。她的辟谣是这样开头的："这两天有篇名叫《央视著名主持人柴静涉嫌受贿今日被捕》的帖子在贴吧和论坛里传播。作为'央视著名主持人'，我辟个谣……"

熟悉柴静的人都知道她是个谦虚而谨慎的人，"央视著名主持人"这种称号她是向来不接受的，但在这里主动使用，却有一种自嘲的轻松与淡定，让观众能清楚地看见她为自己辩解时的底气。在这里，适当的幽默使得柴静受损的声誉立时获得改善。

同样是曾在央视叱咤风云的，才气与灵气兼备的女主持人杨澜，也是一个善用幽默的女人。在主持"正大综艺"节目时，她语言风趣幽默，很受观众好评。有一次，她的一位搭档夸张地说："只要提到位于北极圈

的加拿大，身上就会冷得直打哆嗦。”杨澜接过话头，更加具体、形象地说：“我也听说，有两位加拿大人在室外说话，因为那里天气冷得出奇，话一出口就冻成冰碴儿了，所以很快用手接住，进屋用火烤了才听见说了些什么……”杨澜的幽默说笑，使演播厅的气氛更加轻松、活跃，电视机前的观众听了也禁不住捧腹大笑。可见，这种幽默的谈吐是杨澜知识丰富、才思敏捷的直接表现。

柴静和杨澜的故事告诉我们：有幽默感的女人意蕴深长。显然，这样的女人才是最让人动心、怜爱、喜欢的女人，才会真正得到丈夫的宠爱、朋友的喜欢、同事的亲近。幽默让女人更可爱，更灵动，更有魅力，如果你也想成为一个吸引力十足的女人，那么不妨培养一下自己的幽默感吧。

选择好你一生的“生态环境”

66. 嫁人，别总想着嫁个有钱人

有人说，嫁的好，你透过一个人看到世界；嫁的不好，你为了一个人舍弃世界！的确，男人就如同女人的“生态环境”，嫁给一个怎样的人，决定女人会有一个怎样的后半生。所以，女人在选择爱人时，一定要多思量。

在一个相亲节目里，一位女嘉宾在拒绝男嘉宾示爱的同时，也大胆地提出了自己的婚恋标准：“我宁可坐在宝马车里哭，也不要坐在自行车后笑。”这句从她嘴里很随意地说出的“豪言壮语”顿时让舆论炸开了锅。

有人说，这是个“十年寒窗不如一夜作秀”的时代，这位女嘉宾的言论明显又是一次“炒作”。但是，排除“搏出位”“炒作”等我们无法确知的因素，这位女嘉宾的观点在现代社会真的没有代表性吗？当真的把宝马和自行车同时摆在我们面前时，又有几个人会“狠下心”选择自行车呢？女嘉宾这种“求财若渴”的口号，代表的不只是她自己，还有许许多多和她年龄相仿、经历相似的女人，甚至男人，也都抱有相同的想法。而这些人，可能就是你的姐妹，可能就是我的兄弟，也可能就是我们自己。

现实就是这样，许多借由别人的嘴说出的荒诞，正是深埋在我们每个人心底的苟且。

在这个略显芜杂的时代里，我们真的能够得偿所愿地“苟且”吗？在我们把“嫁个有钱人”当一门虽然令人不齿，但仍值得做的生意时，往往天真地忽略了这样一个现实：没人愿做亏本买卖，天上掉下的，往往不是馅饼，而是陷阱！所以，柴静提醒女人：与其想着怎么抓住一个有钱人，拼命挤进宝马的副驾驶座，不如在自行车的后面抱紧你爱的那个人。

柴静在《夜色温柔》里讲爱情的一期里谈道：很多大学生谈恋爱时虽然没有香车没有洋房，但是两个人一起上学、一起骑着单车在公园里游玩，那清脆的笑声，多半都会成为他们生命中最宝贵的记忆。因为，那样的爱很纯粹，很安静。没有车水马龙的喧嚣，也没有声名鹊起的得意，有的只是一种抛开生命负荷的豁达与青春的美好。

柴静23岁生日时认识了一个叫“苏”的男生，他家境一般，平时穿的是再简单不过的牛仔裤、白衬衫，但他却有一种十分吸引柴静的魅力，可以说是干净的温暖。第一次见面，苏就喜欢上了柴静，他没有送项链、包包，也没有买鲜花饰品，而是为柴静唱了一首《在水一方》。甚至表白的时候，苏说的都是：“我们可以一起看书，看电影，听音乐，开车去看夕阳。”而让柴静最感动的则是他的另一句质朴的“宣言”，他说：“我会爱你家人，如同对待我的父母。”

虽然最后他们的感情仍然因为地域等原因无疾而终，但柴静每每回忆那些时光，总能找到让自己感动许久的瞬间。柴静记得，有个七月的下午，苏读诗给她听：“如今是时候了，该静悄悄地同你面对面地坐在这寂静的和横溢欲流的闲暇里，吟咏生命的献诗。”柴静听着他的吟咏，看着窗外的白云缓缓飘过，感到无比温暖。

更让柴静惊喜的是，读完诗后，苏拿起吉他说：“唱一首我以前喜欢的歌给你听。”而他唱的，正是柴静最爱的那首《用我一辈子去忘记》，柴静回忆说：“我怔在那里，胸口如被重击，几乎无法呼吸。脑子里都是滔滔的流年，就是这首歌，怎么会在这里，隔了这么多年，换成温柔的无词的调子，跟我乍然相逢？”柴静就这样站在那里，痛痛快快地哭了出来。

柴静的爱情故事也许只是特例，但不是每个女人都喜欢音乐、诗歌，喜欢坐在自行车后微笑。柴静也认为究竟坐什么车无关紧要。因为，坐在宝马里不是天天在哭，坐在自行车后也不是天天在笑，生活不是选择的一刹那，而是选择之后的漫长时光。当我们整天纠结于如何做出最优选择时，我们已经在一步步蹉跎时光，远离幸福了。

倒不如让我们学学一个聪明而调皮的网友，她说：“我宁愿坐在他的自行车上，心情好的时候我就又唱又笑对他说：坐你的自行车我好幸福啊！他惹我不高兴的时候我就对他说：你个砍脑壳的，还不努力赚钱买宝马给我坐？”最美的爱情，不正是由无数这样温暖动人的“打情骂俏”组成的吗？

所以，你身边的那个人是开着宝马还是骑着单车并不重要，重要的是，他愿意陪在你的身边，为你的每次欢笑而雀跃，为你的每次泪垂而心伤，一片真心，矢志不渝！

67. 美貌不是收获长久爱情的资本

生活中，很多女人把容貌当成自己最重要的幸福资本。其实，外表对女人来说，只能算锦上添花的东西。有则善用，没有也无所谓。拥有美丽外表的女人，比别人多一份资产，但绝对不是全部的身家。美丽的外表只是第一分，要想获得幸福女神的青睐，后面还有九十九分需要更多的准备

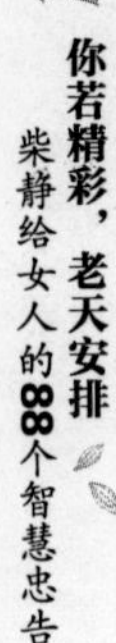

和努力。

柴静曾在博客里提到过这样一则既有趣又发人深省的新闻：

国外一家大型网站上的金融版上有一个年轻貌美的姑娘在上面发了一个询问帖子，主题是“我怎样才能嫁给一个有钱人”，内容如下：

我今年25岁，很漂亮，谈吐优雅，有品位。想嫁给一个年薪50万美元的人。你们也许会觉得我贪心不足，可是，对于你们这个年收入100万美元还算中产阶级的富豪层来说，我这个条件并不过分。

这个版上有年薪超过50万的吗？你们有单身的吗？我想请教一个问题：怎样才能嫁个有钱人。我曾经跟人约会过，可是最有钱的也只有年薪25万美元。要想住进纽约市中心的豪华区，这个数字远远不够，所以我诚心来咨询几个问题，希望有好心人能够如实地回答我。

一、有钱的单身汉一般都会在哪里打发闲下来的时间？

二、我把目标定在哪一个年龄层比较好？

三、为什么富豪的妻子都长得相貌平平？我看过一些富豪太太，她们长得并不好看，更没有什么吸引人的地方，可是她们凭什么能够嫁入豪门？

四、富豪们是怎么决定谁能做自己的女朋友，谁能做自己的妻子的？

备注：我是带着结婚的目的来发帖的，希望大家不要以为我只是在开玩笑。

——波尔斯女士

这个帖子引起了很多人的注意，甚至于一些富豪开始背地里讨论，但是一个华尔街的金融家明确地给予了回复：

亲爱的波尔斯女士：

你的帖子引起了我的极大兴趣，相信很多女性也跟你一样，存在这样的疑问。现在，就让我以一个投资家的身份来回答你的问题吧。我的年薪超过50万美元，所以请你相信我不是在这浪费你的时间。

从一个生意人的角度来看，跟你结婚是一个很糟糕的决策，理由如下：你所说的婚姻是在“财”和“貌”的交易的前提下发生的。甲方提供给乙方漂亮的外表，乙方提供给甲方富裕安定的生活，看似很公平，谁也没有损失。可是，这里有一个致命的问题，你的美貌会消逝，而我的钱财却不会无缘无故的缺少。而且，事实是，你可能会因为年纪的关系一年比一年不漂亮，可是我却有可能通过努力一年比一年有钱。因此从经济学的角度来讲，你是贬值产品，而我是增值产品，两者的交换并不是等价的。再过五年甚至十年，当你的美貌退步，那么你的价值很令人担心。

在华尔街，一旦价值下跌的产品就要立即抛售，而不宜长期持有，也就是你要的婚姻是不可能成立的。如果人们有这个需求，可以去租赁，但是不会购买。年薪超过50万的人可不是傻瓜，他们只会选择跟你交往，而不会跟你结婚。

希望我的回答能够让你满意，顺便说一句，如果你对“租赁”有兴趣，可以跟我联系。

——罗波·坎贝尔（J. P. 摩根银行多种产业投资顾问）

这两个帖子的内容堪称经典。这个男人冷静地回答了女士的问题，也很全面地分析了男人的心理。很多女人都想嫁给有钱人，在这一方面，年轻貌美的女人表现得尤其强烈。她们对爱情抱有虚荣的想象，希望通过婚姻实现自己理想的生活，让自己的后半生无忧无虑。所以，嫁给一个“钻石王老五”，是很多年轻女人的梦想。

但是，爱情不是游戏，婚姻不是交易。女人应当嫁给一个心爱的“人”，而不是一种称心的“生活”。你不把自己的另一半当成一个活生生的、有情感的人，而是当成一部能为自己提供某种生活品质的机器，那可以想见，他也会以同样冷酷的方式对你。

女人都追求幸福的生活，但追求的手段却千差万别。妄想通过美貌换取有钱人的青睐，从而改变命运，一劳永逸的女人，既是悲哀的，也是可笑的。因为当女人把幸福的遥控器塞在别人的手中时，哪还有幸福可言呢？当那个你依附的人厌了、腻了，想转台了，只需轻轻一按，你的“幸福”，就会土崩瓦解。

68. 做一家人，需要两个人的相互关怀和扶持

做梦是女人的天性，尤其是关于爱情的美梦。很多女孩都会给自己编织这样的故事：自己成了童话里的主角，挽着王子，骑上白马，周游世界，不再为柴米油盐而奔波……可悲的是，不仅女人自己在做梦，整个社会都在帮女人编织着这个梦境。流行偶像剧里，英俊潇洒的富家子经常会爱上温柔可人的贫家女，权倾天下的王子娶回的也是灰姑娘……

可现实毕竟没有那么梦幻，不是每个灰姑娘都能找到水晶鞋，跨入金色的马车。更何况，如果一个女人为了金钱，为了过上某种生活，就选择嫁给一个人的话，那她最终收获的将不是金钱和荣光，而只是一个金色的囚笼。

和那些多与商界名流、隐形富豪结婚的知名主持人不同，柴静没有选择这条“康庄大道”。被“誉”为“央视最穷的女主持人”的柴静并不在意金钱，更不喜欢不劳而获的人生。所以在爱情的世界里，她既像一个纯真的邻家女孩，保有最纯真的幻想，又像一个独立的女强人，对依附男人嗤之以鼻。所以，柴静最后和摄影师赵嘉喜结连理，写下了一个令人称赞的爱情故事。

那些对财富眼红心热的女人应当学学柴静，回忆一下自己曾经单纯的爱情与幸福，也好在人生旅途上不至于越走越远，迷失在金钱的迷宫里——求富求贵，却抽空了自己的生命。

做梦只是女人的权利，而不是能力。在梦中你可以变成童话里的主角，挽着王子，骑着白马，披上白纱……一切都是那么美好，但在现实生活中，你可有实现这个梦想的能力呢？

舒婷那首《致橡树》里最著名的两句是："我如果爱你——绝不像攀援的凌霄花，借你的高枝炫耀自己；我必须是你近旁的一株木棉，作为树的形象和你站在一起。"这着实让现在的很多女人汗颜。

其实，我们稍微考量一下男人的心理也知道：虽然攀附他们的凌霄花很美丽动人，但身旁的一株独立的木棉，也许能给他们带去更多的温暖和感激。那些"王子"，其实并不喜欢娇弱的"小公主"，而是如柴静一样智慧的女人。聪明的你，可别被童话给骗了！

说到橡树身边的木棉花，除了柴静，最让人们交口传颂的，就数梁思成先生的妻子——林徽因女士了。

林徽因和梁思成夫妇是在情感上相濡以沫、事业上相互扶持的一对。婚后不久梁思成就到东北大学任教，林徽因则回福州看望母亲。然而，由于梁思成是该校建筑系第一位系主任，又是所有课程的教师，所以工作上千头万绪，忙得不可开交。他写信让林徽因尽快赶到东北，帮他处理一些杂事。林徽因没有抱怨，她火速赶来，在建筑系担任专业英语和建筑设计课的老师。林徽因的才情人尽皆知，但她同时也是认真、敬业的一个称职的老师，她不怕辛苦，为梁思成分担了不少压力。

后来，二人同时应聘到"中国营造学社"任职，从事中国古代建筑的研究。林徽因甘心协助丈夫搜集资料、绘图摄影、研究历史典籍、制作、整理卡片。在林徽因的支持与帮助下，仅用了很短的时间，梁思成的两部专著就完成了。之后，林徽因又辅佐梁思成设计了燕京大学女大学生宿舍，并在两年后陪同梁思成远赴山西，考察云冈石窟……

这样的例子数不胜数，梁思成怎能不感动呢？对这样一位贤内助，他用自己著作中序言的一段话表达对妻子的尊重与感谢：“内子林徽因在本书中为我分担的工作，除绪论外，自开始至脱稿以后数次的增修删改，在照片之摄制及选择，图版之分配上，最后更精心校读增削，我实指不出分工区域。所以至少说她便是这书一半的著者才对。”

其实，即使我们不是文采斐然、能力突出的柴静或林徽因，也依然可以做丈夫的好帮手。夫妻之间，应该永远互为老师，互为人生的向导。只有当你呵护、关爱你的另一半，你才会发现你在他心中是最有价值的，是生命中不可或缺的，他亦会满怀深情地呵护着你。在相互的关怀和扶持中，爱情的炉火才会永远温暖。

有欲望叫喜欢，忍住欲望才是爱

69. 彻底地付出，全然地接受

现在快餐式的感情一般都是以“我会给你幸福的”作为故事的开始，又往往以“祝你幸福”作为故事的结束。唏嘘之余，很多人会问：这个世界到底怎么了？为什么越来越多的年轻人开始不再相信爱情，不再相信真心？当“练爱”和“试婚”这样的新鲜词汇不断从网络和闲谈中蹦出时，答案就不言自明了。

柴静敏锐地发现，这是一个“精明”的时代，也是一个“胆小”的时代。每个人都在不停地做着考量和计算，生怕在与人相处中吃了亏。应用到爱情里，就出现了种种试探和逡巡，害怕对方不是自己一生的伴侣，不敢深情去爱、全心去爱，以免将来“吃亏”。于是，每个人都将真心锁在保险柜里，开锁的密码则是预期的种种条件和标准，只有那个一百分的完美之人才能打开。然而，就在我们固执地守着心里那些可笑的标准和条件时，往往就错过了上帝为我们准备的，那个刚刚好的他或她。

回头想想，所谓的百分百女孩和完美男人，难道不正是最适合你的那个吗？

对此，柴静讲述了一个名为《遇见百分百女孩》的故事：

一个十八岁的男孩和一个十六岁的女孩在街头不期而遇。他们是再平凡不过的男孩和女孩，但他们有一个相同的信念，他们相信在这个世上一定有一个人百分之百地适合自己。那天，他们相遇了。女孩先叫了出来："也许你不相信，我一直在寻找你。你跟我想象中一模一样！你就是我的百分之百男孩。"而男孩也与她有同样的心情。

奇迹就这样发生在平常的生活中，于是两人心中掠过一丝小小的疑惑：梦想如此轻易成真是否就是好事？于是，男孩提议说："如果我们真是一对百分之百的恋人，那么我们一定还会再相遇。如果下次相遇时，我们仍觉得对方是百分之百就立刻结婚，好么？"女孩同意了，于是两人就此别过，各奔东西。

殊不知，此番一别即是永远。

柴静说，很多人都很欣赏这个带点哀伤的故事，但是自己却不愿成为故事里的主人公。这真是个有趣也可悲的现象，在这个什么都可以"练"，可以"试"的时代，我们不是恋爱，而是"练爱"，我们不是结婚，而是"试婚"。所以，即使我们遇见了那个已经确定的百分百的他，却依然还要执著地尝试一次意外，一次考验……除了"吃饱了撑的"，我们实在找不出更贴切的词形容了吧。

当我们变成剩男剩女时，我们向上帝抱怨自己的不幸；当上帝派一个人来到我们身边时，我们却还要折腾那么多事，生生错过彼此……只能说，我们是爱"作"的一代人。聪明的人知道："作"这种既让人爱又让人恨的特点，在寻找爱情的旅途中，实在是要不得。当我们不断地试探、考验着另一个人，而不去全心地感受和他在一起时的感觉，那结果只能是既伤害了别人，也隔离了自己。

恋爱恋爱，深深的迷恋才是爱情，如此令人心醉。未知的缘分并非天赐，而是我们花在彼此身上的心思。就像童话里的小王子那样：小王子有一个小小的星球，星球上忽然绽放了一朵娇艳的玫瑰花。以前，这个星球上只有一些无名的小花，小王子从来没有见过这么美丽的花，他爱上这朵玫瑰，细心地呵护她。那一段日子，他以为，这是一朵人世间唯一的花，只有他的星球上才有，其他的地方都不存在。然而，等他来到地球上，发现仅仅一个花园里就有5000朵完全一样的这种花朵。这时，他才知道，他有的只是一朵普通的花。

一开始，这个发现让小王子非常伤心。但最后，小王子明白，尽管世界上有无数朵玫瑰花，但他的星球上那朵，仍然是独一无二的，因为那朵玫瑰花，他浇灌过，给她罩过花罩，用屏风保护过，除过她身上的毛虫，还倾听过她的怨艾和自诩，聆听过她的沉默……一句话：他驯服了她，她也驯服了他，她是他独一无二的玫瑰。最后，面对着那5000朵玫瑰花，小王子说：“你们很美，但你们是空虚的，因为没有人能为你们去死。”

可能大家都读过《小王子》，但是不是每个人都发现并记住了这个关于爱情的最美的故事呢？是啊，只有倾注了爱，倾注了我们的感情，爱情才能持久而温暖。如果不曾用心体验过，你甚至无法知道这种关系有多么美好。

真正完美的爱情，需要的往往不是精挑细选，而是彻底地付出，全然地接受。虽然对有些人来说，一个玫瑰园比起一朵独一无二的玫瑰花更有吸引力，但是他们在收获无数次眼花缭乱的尝试机会的同时，也彻底失去了完全拥有一个人，拥有一份温暖的关系，拥有一段完整的爱情的可能。

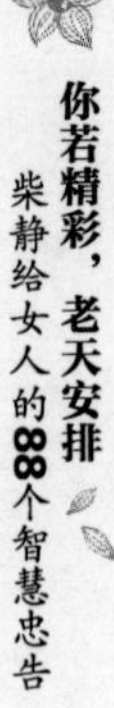

70. 温柔相待，真情以对

苏缨说："对一个女人最大的恭维不是掌声，而是爱情。"可是我们又都知道"婚姻是爱情的坟墓"。那是不是意味着，结婚的女人就再也享受不到这个世界对她的恭维了呢？这多么让人心寒呀。

其实，正如柴静指出的那样，有些问题一旦陷入文字游戏和思维陷阱里，就再也绕不出来了。我们不妨删繁就简，仅仅问问自己：即使婚姻真是爱情的坟墓，你是否愿意，与他共赴生死？想明白了这一点，选择就不再是个恼人的问题了。在爱情的世界里，念出一个人的名字只需要记忆和嘴唇，忘记一个人的样子有时却需要一生。当你因为害怕那无趣的坟墓而打算拒绝眼前的爱情时，你也只要问问自己：是不是真的愿意忍受这一辈子的无法忘记？换个比较孩子气的说法，那就是，不喜欢就丢掉，丢不掉的，就还是喜欢。

柴静提醒女人：可能，我们更该关心的是，如何让这公认的"坟墓"，变得更有生机一点。而在这点上，很多"老外"比害羞的东方人更在行。

一天，德拉坐在一家小吃店里自斟自饮。后来，进来了一位女士，侍者请她在邻桌就座。她大约快40岁了，从侧面看轮廓清秀，线条优美，穿着简洁而入时。德拉在另一张桌旁还发现一个40多岁的男人。这个男人冲她微笑着，她也以笑回敬。

一会儿，男人起身走了出去，片刻后回到原座，手中添了一束兰花。他在一张菜单上写了几笔，然后交给侍者，侍者将菜单与兰花一并送到她面前，女士看过菜单微微点头。男人随即离座移步过来，"十分感谢您能允许我与您同坐一桌，独自一人实在无聊。”接着，德拉又听到，“我在城里经常见到您，但不知如何接近。”女士听后友好地对他报以微笑。侍者送来了葡萄酒，就听男人说：“今天喝葡萄酒是再合适不过了，来，小姐，为我们的相识干杯！”

德拉要走了，结账时侍者悄悄告诉他：“他们这样已好久了，每年3月的傍晚总是男的先来，女的后到，总要同一张桌子，多少年来一直如此。有一次我问那位教授先生为何要这样做，他回答说：‘我们想保持年轻。’”

“那位女士是谁呢？”德拉好奇地问侍者。

“他的妻子。”侍者微笑着回答道。

真是有趣的两口子，都四十多了，还玩这“无聊”的游戏。不过，也许你和柴静一样，也会在心底默默祝福他们，永远这么天真地甜蜜下去吧。

两个有缘人之间的“缘”，也许并不是玄之又玄的道啊法什么的，其实就是彼此相系的执念罢了。在一起时彼此多花点心意，少动点心眼，将每次相遇相守时的凝视，化作一段分别后的牵念，把两人紧紧相连。这样，纵然相隔万里，岁月经年，这种相互羁绊的种子却早已深深地埋在了彼此心底，只等一个小小的触机，就能顺理成章地开到荼蘼。这样再也分不开的缘分，也许才是对一个女人，在这个纷扰的尘世里最大的恭维和安慰吧。

如果我们能像德拉遇到的那对夫妻一样，用聪明的心思来永葆爱情的新鲜，那我们除了恭维和安慰，也许还能收获不断的惊喜和激动。这样的“坟墓”，想必谁都不会排斥。

如果你和柴静一样，真的渴望在这个滚滚红尘中，找到一个甘心一起共赴生死的人，那就忘掉金钱、地位、容貌，忘掉担忧、恐惧和不确定吧。常鲜的爱情往往仅存于一碗粥，一杯茶，一次搀扶，一个相视而笑里……再加上漫长的时光的调味，10年、20年、30年……我们终会品出最

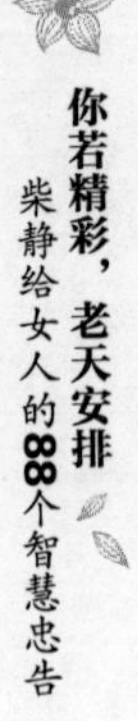

醇香的幸福。最后，用席慕蓉的一句诗来总结，可能最合适不过了：“在年轻的时候，如果你爱上一个人，请你一定要温柔地对他。不管你们相爱的时间有多长或多短，若你们始终能够温柔相待，那么，所有的时刻，都将是一种无瑕的美丽。”

71. 包容的心让你有“情人的眼”

日本女作家林真理子的《美女入门》中这样写道：“我想对许多年轻女性说一声，千万别对结婚抱有太多幻想。什么扎着雪白的围裙，为最心爱的他做火腿煎蛋和加奶红茶，等等，这与现实相差太远。所谓结婚就是想为他‘奉献’的天真幼稚在现实中接二连三地消失殆尽的过程。最好在结婚前有个适当的心理准备。”

从陷入热恋，到热情冷却，再到意识到彼此的不同，进入稳定的相恋状态，是爱情的第一个磨合期。当你决定让两人的关系提升到一个新台阶，从单身状态进入两人世界，这时，你就已经进入了爱情的第二个磨合期。我们往往对第一个磨合期关注太多，却忽略了第二个磨合期才是真正的考验。

柴静发现，热恋的时候，哪怕彼此再真诚，我们也总会下意识地只向恋人展现自己最美好的一面。可是开始朝夕相对的生活以后，你看到他穿着假冒的名牌内裤，光着膀子在水池前洗背心，刚换下的臭袜子一只扔在地上，另外一只塞在沙发垫子下面；他看到你蓬头垢面、穿着睡衣在房间里晃悠，没化妆的脸上只有半条眉毛。上帝啊，你确信你的心脏已经坚强到可以接受这样的场面了吗？

可是既然如此，我们为什么还要坚持在一起呢？

柴静的答案是：因为，没有人是完美的。没有人有权利要求对方时时刻刻都要保持一百分。而度过第二个磨合期的过程，正是让我们知道、让我们尝试，怎样去爱一个不完美的人的过程。两个人在一起，并不是单纯的1加1等于2，总有些意料之外的问题跳出来。这个时候你要时刻提醒自己接纳和包容对方，柴静建议女人在处理两人关系时应该让自己从容地使用幽默、爱、尊重、善意。

中国有句话叫“情人眼里出西施”，你可以说是热切的感情蒙蔽了理智的双眼，所以对方的一切瑕疵都可以视而不见，一切错误都可以被包容。而反过来，如果你能始终拥有一颗宽容的心，包容对方的缺点和纰漏，那么你一样拥有了这双“情人的眼”，而夫妻双方都用情人的眼睛互相看待，婚姻才能持久保鲜。

挑剔对方的瑕疵可能是婚姻最大的敌人之一。当夫妻双方都失去了“情人眼”，看到的都是对方的缺点和不尽如人意的地方，那么就会产生厌恶感。久而久之，你会变得更加挑剔，而你们的婚姻也会岌岌可危。而明智的婚姻守护者懂得如何包容对方。

英国著名政治家狄斯瑞利是在35岁时才向一位有钱的、比他大15岁的寡妇恩玛莉求婚的，恩玛莉既不年轻也不美貌，更不聪明，她说话经常闹笑话。例如，她“永不知道希腊人和罗马人哪一个在先”，她对服装的品位古怪，对屋舍装饰的品位奇异，但狄斯瑞利没有过分挑剔这些。无论恩玛莉在公众场所显出如何无意识，或没有思想，狄斯瑞利永不批评她；他从未说过一句责备的话；如果有人讥笑她，他立即起来忠诚地护卫她。

狄斯瑞利也并不是毫无瑕疵的，但30年的婚姻生活中，恩玛莉也从未厌倦谈论她的丈夫，她总是在不断地称赞他。恩玛莉也常常幸福地告诉他与她的朋友们：“谢谢他的恩爱，我的一生简直是一幕很长的喜剧。”

柴静说，你对一个人有欲望，那叫喜欢，你为一个人忍住欲望，那叫爱。爱一个人就要学会包容他，容忍他的一些缺点。正如美国著名的心理

学家詹姆士所说的：“与家人交往，第一件应学的事，就是不要只注意对方的瑕疵，如果那些东西并不是激烈得与我们相冲的话。”

让自己在婚姻里变得更有包容心的几种方法：

第一，想他所想。当你们发生摩擦时，设身处地地站在对方的立场上想想，你会发现也许自己也有50%的责任。认识到他并不是所有麻烦的制造者，会让你减少对他的责怪。

第二，求同存异。没有人是和你受过完全相同的教育和有着完全相同的生活经历的，每个人都会以自己的方式去行事或以自己的观念去考虑和评价问题，要承认有与你不同想法的好人是存在的。而你的另一半自然也是如此。他不可能总是与你持同样的想法，所以有些时候如果意见不同就随它去。

第三，在例数他的缺点之前，先罗列他的优点。婚姻中，妻子往往喜欢数落丈夫的种种不是。当你也有这样的想法时，请先想一想他的优点。不要以“他一无是处”为借口，每个人都有优点。当你能正视这些优点时，你才能客观地与他谈论他的缺点，而不会让他觉得你在无理取闹。

用心、真心、开心，生命之花才盛开

72. 忙碌是种生活状态，而不该是心灵的常态

一只小兔子在路上拼命奔跑，青蛙问它：“小兔子，你为啥跑得那么急？歇歇吧。”“我不能停，我要看看这条道的尽头是个啥模样。”小兔子边跑边回答道。

小兔子从来没有停歇过，一心想跑到终点。直到有一天，它猛然撞到了路尽头的一棵大树桩。“原来路的尽头就是这棵树桩！”小兔子喟叹道。更令它懊丧的是，它发现此时的自己已经老迈：“早知这样，好好享受那沿途的风景，该多美啊……”

你也许觉得这个寓言很可笑，认为这只小兔子真傻，它拼命奔跑的结局就是撞在了一棵大树桩上，其实，仔细想一想，我们不正像小兔子一样奔跑吗？沉浸在快节奏生活中的我们为了赶时间，不得不在拥挤的餐桌旁狼吞虎咽；我们努力赚钱排队购买星巴克口味稳定到从不变化的咖啡；我们追赶时间却早已迷失了回程的方向；我们买得起大品牌与奢侈品，却没有时间停下来看身边的风景……

在这个城市里，如果要活着就必须工作，于是许多女性就像是被设定

好程序的机器人，只会按照既定的程序反应动作，整日匆匆忙忙，劳碌不堪，似乎忘记了自己还有一颗鲜活的心，可以感受生命的灵动。

忙碌是一种生活状态，但不应该成为心灵的常态。

在山区采访时，柴静发现有的农民常常在田埂上一蹲就是一整天，他们抽着烟望着田地里耕作的人们。柴静有些疑惑，就问那蹲着的人："你们在看什么呀？是在学习别人的耕作经验吗？"蹲着的人仍旧蹲着，抽着烟，眼睛看着田里，用浓重的乡音懒懒地说："没，就是看呀。"

这是乡下人们生活的情景，一直奔波在城市里的女人自然很难理解什么叫"就是看""就是听"，或者"不为什么"。她们也因此无法理解：为什么自己的时光会流逝得如此匆忙。她们每到周末，就会奇怪地问："一个星期又跑哪儿去了？"每到除夕夜，又感叹："怎么一年又不见了？"或是某个早上醒来，赫然发现镜子里面色晦暗的自己已经三四十岁了，却怎么也想不起来，时光是怎么溜走的！

因此，柴静感慨道，在冰冷而快速的现代社会里打拼，人心也难免会变得僵硬而冷漠，对幸福的感受力也会变得迟钝。所以，我们都该学一些"人生暖规则"，好让自己的心能够柔软地接受快乐和幸福。这诸多暖心的规则里，最适合现代都市白领的一条就是：在这个匆忙的"快时代"，只有"慢生活"才能活得有味。

"当我们正在为生活疲于奔命的时候，生活已离我们而去。"生活好像一盏灯，把脚步放慢一些，灯就被点着了，点亮的灯会照亮生活中原本十分平凡的瞬间。而那些太过实际的人，永远只会被生活所累，却看不见生活中最精彩动人的细节。

在忙碌的现代生活中，只有放慢脚步才能找到生活的美，才能在自己的生活体验中发现新的深度。漫步在幽深的小路上，呼吸着清新的空气，透过树荫，怀着一种悠闲的心情细数阳光洒在地上碎石般的条纹，或者闭上眼睛，仔细感受扑面而来的淡淡花香。仰天长望，几丝白云在轻轻地飘。哼一首无名的小曲，默念一首小诗……这些都会让你充分地感受到生活之美，而这，也才是生活本该有的节奏和味道。

香港一位知名的女作家说过，品味生活，在于抓住生活的空隙。一些不经意间发生的事情，往往会带来许多欢乐。生活的意义，正如一杯清茶，越冲越香，越品越醇。谁都能体会到它的清苦，可只有细细品味，才能体会到其中的香醇。当我们不再处于持续忙碌的状态，所有的感觉就会比较敏锐，我们享受生活的潜力也会无限扩张。经过这样的觉醒，我们才能够更充分地体验到生活带给我们的审美感受。因此，在忙碌的生活中，不妨轻轻地放慢你的脚步，这样你就可以捡拾很多可能在忙碌中错过的美景，重新为自己找回简单、悠闲的心境。

73. 抓紧人生，才不会留下遗憾

你是否有很多自己想做却没有来得及做的，或者因为种种原因而搁浅的事情？

因为追逐名利，我们忽视了自己最真实的心灵，因为脚步匆忙，我们忘记叩问自己的内心，岁月匆匆时不我待，有些事情现在不做，你就永远失去实现它的机会；有些人现在不珍惜，当你幡然醒悟时，他们或许早已远离你的世界；有些愿望现在不付诸实践，或许你就渐渐淡漠了那份热情，而它们也将会成为永远无法兑现的梦想。唯有抓紧人生，才不会给自己留下遗憾。

柴静就是个说做就做，从不迟疑的“风一样的女子”，她热爱旅行，有空的时候，她就会背上背包，去自己心仪已久的地方漫步。

柴静说：“在内心不断行走的人，很难看到光亮，所以还是要朝向坚

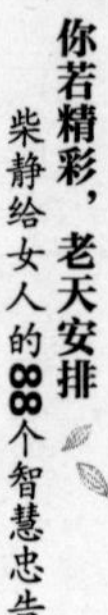

实的大地。”年轻时柴静喜欢独自爬山，喜欢过独处的岁月。但后来，她开始热爱和别人偶遇的旅行。她说：“地域变动，总会减低内心在封闭时承受的震荡。不久前我去西藏，那里的美令我震撼。”

柴静从不曾停下自己的脚步，她认为，当自己的步伐越来越大，世界也就越来越开阔。一个女人只有学会行走，学会上路，才不会只关注那个内心的自我，所有的悲欢离合才会变得相对云淡风轻。

在路上，柴静结识了很多有趣的人，他们个性迥异，但却有一个显著的共同点，那就是做事绝不迟疑，想说就说，说走就走。其中，最让柴静钦佩的，就是同样热爱旅行的罗红。罗红的故事相信会让很多心怀远方，却不敢动身的人感到汗颜。

罗红最为人熟知的身份是著名烘焙食品企业好利来的董事长，许多年前，为了给刚刚退休的母亲过一个温馨的生日，罗红跑遍全城都没能找到一个“能让孩子表达爱心的蛋糕店”。于是罗红下定决心，一定要创立一家充满人情味的蛋糕店！怀着这个愿望，罗红从雅安到兰州，再到东北，遭过嘲笑，经过低潮，也尝过失败，但最后，他还是顽强地撑了下来，在全国各地都开了连锁店，他的好利来也稳坐国内烘焙业的第一把交椅。

出人意料的是，2005年，就在蛋糕生意做得风风火火时，罗红毅然从公司总裁的位置上退了下来，专门去从事自己喜爱的摄影。他说：“人在世界上很短暂，有很多事都来不及做。把事业做好很重要，但相比之下，让生命丰富和有价值更重要！”

也许有些人会说：“要是我有钱了，我也可以去旅游，写作，摄影啊……”然而，真正的热爱并非有了条件之后的“可以”，而是不管有没有条件，都要用尽一切去“争取”。

作为一个商人，罗红是睿智且温情的，但作为一个旅行摄影师，他简直就是“亡命之徒”。罗红从小就喜爱摄影，当了老板之后，他时不时就会从公司“消失”一段时间，他前后用了几十年时间，自己开车几十万公里，把中国的大江南北拍了个遍，许多危险的无人区，都留下了他的身影。

罗红的足迹不止于中国，他还前后10多次深入非洲内陆，肯尼亚纳库鲁湖的火烈鸟、马赛马拉的角马、乞力马扎罗的大象……都成了他最熟悉的朋友。为了拍到最好的照片，他多次尝试航拍，结果有一次，直升机刚起飞5米就一头栽到了地上，所幸他和驾驶员都只受了点小伤。除了这些，他还曾在珠峰遭遇泥石流，在贡嘎雪山被困在雪地三天三夜，更不用说在一些治安不好的地方遭遇抢劫了。

柴静问他："难道遭遇这么多危险，你不害怕吗？"

罗红笑道："当然害怕，生命多重要啊！只是，有时候更危险的，是身在城市高楼的办公室里，没有梦想地活着。"

是啊，时光荏苒，不是每一件事都来得及做。与其在高楼大厦间一点点迷失自己，不如趁早上路，去追寻心底的梦想。这样的人生，才不算虚度吧。

罗红的故事远没有结束：2004年，罗红的野生动物摄影作品在北京市地铁站内展出；2006年，受联合国环境规划署邀请，罗红在联合国举办了名为"地球，我们的家园"的个人摄影展；同年，罗红以个人名义在联合国创立了"罗红环保基金"，目前该基金已经资助了"肯尼亚纳库鲁湖火烈鸟保护计划""北京奥运会绿色奥运项目"以及南非的"大象保护项目"等多个环保项目；2011年，为了表彰罗红为肯尼亚环保事业做出的突出贡献，肯尼亚总统亲自为他颁发肯尼亚最高国家荣誉——武士勋章……

是的，罗红的故事完全可以写成一本精彩的小说。而这精彩的开始，可能只是一个荒唐的念头，一个幼时的愿望。柴静总结说：重要的也许并不是我们脑袋里的念头是否明智，而是哪怕它看起来很荒唐，我们是否有足够的勇气和毅力去一点点践行，直到它成为现实！

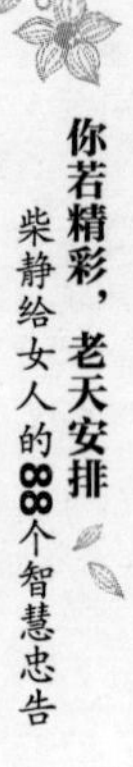

74. 从琐碎的事情里抽出身来

时代在拼命加速，女人也跟着加快了脚步。其实，很多女人都没有意识到，“快慢”其实并不是生活的速度，而是态度。工作确是做不完的，应酬也常常没完没了，回家还要买菜、做饭、洗衣服、打扫房间、照顾小孩……但即便每个女人都被生活拧紧了发条，也没有人强迫你在休息时惦记着工作，在工作时忧虑着家庭，更没有人逼你在上下班的路上紧皱着眉头，在家人的耳边絮叨着那些庸人自扰的琐事。

也许，只有当一些突来的变故粗鲁地打断我们的紧张和忙碌时，我们才会被迫去发现身边那些细小的事物，发现美，也发现自己。这些变故里，生病算是最常见，也最不受人欢迎的了吧。我们习惯称它为“病魔”，但柴静却聪明地指出：一个人若是真的能安心在病床上躺个十年半载，他成“佛”的机会反而要比一般人大得多。当然，成佛与否并不是我们关心的，我们关心的，是发现并获得幸福的能力。而这种能力，卧病在床的人也似乎比健康之人更容易拥有。

因为工作的关系，柴静采访过一些因为工作忙碌而积劳成疾的人。让柴静意外的是，这些人并没有想象中的焦躁和烦闷，正相反，他们因为停下脚步，而开始对身边的事感到熟稔和亲切，他们的脸上，多了许久未见的释然的微笑。

柴静发现：生病是很奇妙的事，它在困扰、折磨我们身体的同时，也悄悄地拨慢了全世界的时钟，让我们有机会从那些琐碎的事情里抽出身来，把时间和精力全部集中到自己身上。它给了我们认识自己、尊重自己、直面自己的机会，最重要的是，它让我们学会了拉低角度，放慢节奏，重新评估自己的生活和生命。

你是否也有过生病后一个人静静地躺在床上的时候呢？你还记得那种感觉吗？我们仿佛突然具备了猫一样敏锐的感知能力，我们能听见自己的呼吸、心跳，钟表指针的震动、衣服的摩擦声，不远处孩子的嬉闹追逐，还有远处汽车的鸣笛声；我们注意到不知何时落在床头的一根头发、书桌上一只忙碌却似乎找不到方向的蚂蚁、窗外柳叶在雨后的风中摇曳时的水润光泽……这些细微的事物仿佛一串串柔软的钥匙，为我们打开了另一个世界的大门，虽然这个世界，一直就潜伏于我们看似枯燥的生活中。我们的心也似乎被这个“新世界”变得柔软而敏感，只是这样的敏感不像那些神经衰弱的人一样，寝食不安，辗转反侧。正相反，它使得我们对周围的一切都放下了戒备，满怀爱意。带着这样的爱意，我们笃定而满足地进入了未曾有过的、深沉而香甜的梦乡。

除了变得敏感和知足，生病，尤其是大病一场，往往还能深刻地改变我们的人生观和世界观。柴静采访的人当中，有的人在病愈后立马从肉食动物变成了坚定的素食主义者；有的人则开始读佛经，看古书，每天给自己保留一段清净的时光；有的人更是干脆辞职旅行，去完成自己儿时的梦想……然而不管他们的选择在形式上有多么不同，在本质上，他们都是温习了一种最早被人学会，也最快被人忘记的能力，这种能力，叫珍惜——珍惜时光，珍惜生命，珍惜家人，也珍惜自己。

生病带来的这种变化还有一个很值得深思的特点，这就是，它不会区分穷人和富人，名人和大众。柴静在《夜色温柔》中接触的多是普通听众，在《看见》中采访的则不乏各界名流。但柴静发现：疾病对一切生灵都一视同仁，即使名人拥有更好的医疗条件，但并不能从根本上降低病痛的负面影响。不管你之前过着怎样的生活，拥有多少财富和名誉，生病之后，也都只是躺在床上的一个普普通通的病人，一样要被迫放弃原先的忙碌——不管你忙碌的是琐碎的端茶倒水还是几个亿的跨国项目，一样要学会从这漫长的百无聊赖中发现一些有趣的细节，学会静下心来反思从前的

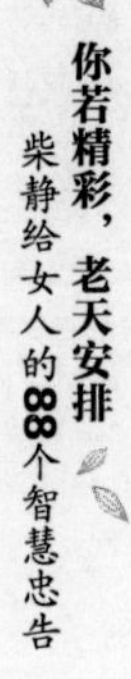

日子，反思自己的人生。

因此，柴静亲切地叮嘱我们：女人应该学会主动地营造那种内在的宁静，学会主动拨慢世界的时钟，时常从那些昏沉与麻木中抽身出来，全然地感受身边的一切，用全部活力和生命力去聆听，在聆听里发现自己、释放自己、拥抱自己……最后，在这样的发现和拥抱里，收获源源不断的惊喜，和生生不息的幸福。

75. 用心感受幸福

每个女人的生命里，总有几种专属于自己的幸福美好。这些美好，就像结在枝头的释迦果，要想品尝到它独特的香甜，不仅需要敏锐的觉察能力，还需要足够的耐心和付出去采摘它。即使我们看起来一无所有，但依然要坚信自己并非一无是处。在生命的旅途中，有的人善于守护心底最初最纯的梦想，有的人善于和家人朋友保持最温暖的关系，有的人善于用各种各样的爱好将自己的生活装订成一本精致的绘本小说，而有的人，则擅长于发现生活里最细微的美景——柴静就是其中之一。

在柴静看来，幸福不是荣华富贵，不是锦衣玉食，不是前呼后拥，不是平步青云，不是我们常常挂在嘴边的那些宏大的词汇。真正的幸福，往往是那些触手可及的、细微的事物：一次放肆的大笑，一首动听的歌曲，一片落叶飞舞的轨迹，一条小鱼跃出水面的时机，或者仅仅是静静待在母亲身旁的短暂时光……这些才是这个大时代里，专属于女人的“小幸福”。

对柴静而言，她的“小幸福”就是工作闲暇之余的种种爱好。当柴静通过《夜色温柔》《新青年》和《东方时空》等节目为人熟知时，曾有记者去采访她，柴静坦言：“现在的工作日趋流利，兼多份差，亦有余暇享受私人生活，已经很知足。”

记者问：“那你还有梦想吗？”

柴静笑着说：“现在我比较满足，梦想是和职业无关的，而接近一种生活方式的定位；能做喜欢的事情，譬如摄影，可以去记录一些流逝的东西；能对社会有贡献，不是出于职业的虚荣心；能作为一个纯粹的人来生活，不仅仅是女人或者主持人，可以摆脱性别角色、职业身份的阻滞，拥有自己的自由。”

记者再问：“平常空闲都干什么呢？”

柴静回答：“摄影、旅行、阅读和写作。文字，是我格外看待的，是安身立命的根本。我不太会讲话，也不擅长身体语言，感受又丰富，文字让我保持平衡。”

这就是柴静的幸福，也许和很多女人不太一样，但本质上却是相同的，都是对自己心头的种种小愿望的满足。

其实，柴静提醒女人：无所不在的“小幸福”根植于生活的每个细微角落，我们要做的只是用一颗细微的，敏感的心，去将他们一一拾取，细细品尝。就像那只可爱的漫画小狗“刀刀”的作者，漫画家慕容引刀所说的：“有一天下午的四五点钟，我正在曹杨路的某一条小马路上，抬头，看到梧桐叶，在金色的阳光中，大片大片地飘落下来，这一刹那，我感觉自己好幸福！想到很多人就要开始赶着下班高峰，或是拥堵在马路上，或是拥挤在公交地铁里，而不用上下班的我，竟然能在这个时刻看着飘飞的梧桐叶，不是已经很幸福了吗？”

其实，即使是要挤地铁上下班的我们，也可以拥有这样的惬意和幸福。

当你发现工作太忙碌，生活太严肃时，不妨缓缓脚步，去做一件简单的、快乐的事，让自己摘下虚伪的面具，对那些琐事做个鬼脸，把单纯的

笑意留给自己。不用在意那些潜在的危机，有时，你对这个世界简单，这个世界也会对你简单。

当你发现生活节奏太快，小脑袋里不知装载了多少个不必要的程序，不妨翻翻心灵低碳手册，学学灵魂瘦身术，删除纠结，清空烦恼，以最闲适的心境，迈出最优雅的步伐。或者跟乐活一族学学绿化生活的小窍门，让自己的生活和美丽的山水一样，青翠欲滴。

当你发现不知不觉间，已经和家人、朋友有些疏远，对同事也常常冷言冷语，不妨修习一下“感恩力”，感谢这个世界给你的温暖，然后打开心扉，让那些温暖再次进入你的生命，再以满满的愿心，去善待别人。

不管你发现了什么，都别忘记：快乐，才是唯一重要的事。不管你遭遇怎样的风景和境遇，你都可以用一颗细微的心，去发现和拥抱你手头、身边，甚至心底的温暖和美丽。

似锦繁华的夜，处处有寂寞的信徒

76. 学会享受孤独

关于人生，每个女人都有不同的期许，但大部分女人都不会否认：我们所追求的事物，应该让自己幸福，这似乎是最不言自明的真理了。但是，聪明的女人应该问问自己：我要的幸福，究竟是怎样的呢？如果我的幸福像大部分人一样，来自于另一些人和事的陪伴，来自于金钱与荣誉的簇拥，那幸福的遥控器，岂不是一直握在别人的手里？当我们因为寻求幸福而排斥独处时，我们恰恰错过了通往幸福的捷径——孤独。

其实，孤独对女人来说究竟意味着什么，完全取决于你如何看待它。既然如此，我们不如学学柴静，把它看得正面一点，积极一点，甚至是可爱一点吧。梁实秋说："寂寞是一种难得的清福"，也有人附和："孤独是一封给自己的情书。"想来也都是同一个意思。

孤独是每一个人都会有的一种状态。人不会因为孤独而被遗忘，也不会因为孤独而被淘汰。相反，它往往可以让人在思索之后重新振奋、重新恢复自己的辉煌。这就是孤独，一种可以让人的思想得到升华的人生调味品，一种可以让人达到至高境界的催化剂。

柴静曾在博客里为她的同事兼好友崔永元写过一篇文章，名字就叫《孤独是一个人的骨头》，结尾的地方，她冷静地赞许这种孤独：“他是一个在这个时代里，在这样的夜里，一直醒着的人。我只希望他能拥有那个只有水波和飞鸟的，宁静的内心世界。”

而柴静自己，也对孤独情有独钟。2012年的一次活动中，柴静透露自己小时候会在周末时主动去树林里“感受孤独”，她说她会“在冬天爬过悬崖，在春天看过刚刚开放的杏花”。柴静说现在的自己虽然一个人住在租来的房子里，但因为有书、有音乐，所以“生命在一瞬间，可以感受到它的存在。”

的确，在一个人内心长久的孤独里，一切原本喧闹的事物都会渐渐褪去它原有的鲜艳和动人，甚至连存放那些事物的时光，也渐渐褪去了颜色，变得模糊不清。不过，也许“褪了色的时光，才是时光原本的颜色。”我们正好可以从这份孤独里看到一切原初的色彩。另外，真正的孤独在让华丽和喧嚣褪色的同时，也会让另一些更有分量的东西慢慢浮现于我们的生命之中。这些越发清晰、越发明媚动人的东西，也许才是真正支撑着我们的生活，也温润着我们渴望在尘世获得幸福的“媚俗”之心的暖阳。

有一个数据也许能让我们对这种孤独的“美好”有更深的体会：曹雪芹写《红楼梦》用了10年，司马迁写《史记》用了15年，托尔斯泰写《战争与和平》用了37年，歌德写《浮士德》用了60年……我们一般会惊叹于先贤们的决心和毅力，但我们不妨走得再近一些，试着去轻触，他们生命里那些真实而生动的纹理，看他们在那样漫长的孤独里，是如何将自己酿成一杯清茗，在灯盏下伏案疾书、轻啜深饮，直到岁月从青涩变得成熟，他们才起身，将那饱满而醇香的孤独，一饮而尽。也许这才是他们能够坚持这么久只为完成一部著作的原因。

因为他们不是在坚持，而是在喜欢；他们也不是在孤独，而是在满足。

不过，这种饱满的孤独似乎并非人人所愿，至少不是缺乏安全感的女人的所爱。虽然偶尔，女人也会在无数次的闲聊后感慨生活的无聊，但无奈的是，女人反思的脚步远不及社交圈子的车轮有力：那些从喧嚣里滋生的伤感与排斥，不知不觉就被更多的喧嚣所湮没。

对此，大多数女人除了感到些许不适，更多的则是“大家都这样”的无奈或麻木。只是，柴静提醒女人：你有没有问过自己，日子一天天这么过来了，还要一天天这么过下去吗？

如果可以，我们不如决然地抽身离去一次，在那个只属于你自己的安宁时刻，安静地注视天空，看云霞落在蓝天的怀抱里，笑得温柔；安静地聆听大地，听自己的心被叮叮咚咚的清泉洗涤……

在柴静看来，这样“和自己相遇”的瞬间，才是女人最应当追求的幸福和满足！

77. 每个女人的心底，都应藏有一块自留地

苏缨在《诗的时光书》里写道：“有时仅是一首诗，我们就找回了对世界的初恋。”那是因为，每个女人的心底，一直藏有一块自留地，随时准备开出温柔的花。而一首诗，抑或一句话、一首歌，都只是一条回去的小路，一把开门的钥匙罢了。

仔细想想，没有哪个女人不需要这样的一块自留地吧。不管时境几多变迁，无论红尘多少风雨，她们都可以在那里安心、耐心、精心地经营着一块土地。即使整个世界都变得荒芜，它也依然会以茂盛和葱郁来簇拥着她们入梦。

然而，有多少女人能够真正沉下心来耕耘这片土地呢？当青春渐渐散

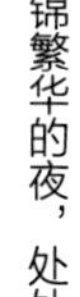

场，发小一个个离开彼此，也离开曾经的自己。从此，各自天涯，各自穿行在熟悉或陌生的城市里，走南闯北，忙东忙西，不去问自己到底是在为什么而忙碌，不去问自己是谁，从哪来，到哪去，不去问心中的那片土地是否已经荒芜……最后，几十年过去了，一切美好都成为了遥远的儿时记忆，仅供唏嘘。

也许，你也和柴静一样，偶尔也会在匆忙中停下来，喘口气，做个短暂的美梦，梦见自己安心经营着一方田园，一片天地，和心里的那个坚强的自己、脆弱的自己、聪明的自己、迟钝的自己在一起，不分彼此，一起筑起篱笆，一起开垦菜畦，一起种下四季的蔬菜，一起收获温暖和美丽……

虽然梦醒就要继续赶路，但也许就像柴静钟爱的女作家玛丽·韦伯说的："不论你爱好什么都可以，但是，你总得有所爱好。"有所爱好，有所希冀，有所保留，女人的灵魂才有所寄托，心灵才有所附着，她们在尘世的奔波，才不会如浮萍般无所依止。

而玛丽·韦伯，柴静认为，正是我们最好的榜样。她心里的那块自留地，比我们大部分人的都生机勃勃得多。在她生命里，有两样东西，一直为她源源不断地提供着新鲜的养料，一是自然，二是文学。

玛丽那并不宽敞的园圃内，四季都开满了迷人的鲜花。黄昏时，她就守在花园里，守望着那些缤纷可爱的花蕊，看她们在风中四处奔跑，自己内心则充满了安静的喜悦和满足。当然，为了使人分享到她园中的芳香，同时，也为了用相对诗意的工作来减轻丈夫的负担，玛丽常常在黎明起身，将一些沾着露水的花朵剪下，放在篓子里，背到城中叫卖。这一来一回就是半天，往往在午前才能回到家里。有时，中途遇雨，她回来时便已满身湿漉。玛丽却并不以为意，她一边用手帕拭干头上的雨水和汗珠，一边笑着对家人说："看！我已经完成了一件美的工作了！"

然后，她会走到她的书桌边，展开纸，拿起笔……往往没写几行，天已将午，她便又匆匆赶到厨房，调面粉，做饼子。随即，她又会忍不住擦擦手上的面粉，拿起笔来继续写。有时，当她文思泉涌，写得正起劲的时候，一阵阵焦味就会从厨房里飘来。望着一旁的丈夫，她带着几分歉意地笑笑，赶紧跑到炉边……而深爱她的丈夫自然不会苛责她，即使饼子烤焦了，他也会吃得津津有味。

这样的生活在文字里显得温暖而美好，但若在现实生活中，也许没有几个女人真的能忍受。毕竟，他们的收入微薄，工作也很辛苦。但即使在那样艰苦的环境里，玛丽也能生活得幸福快乐，这完全是由于她的心里有着最深沉的爱，和最温柔的归宿。所以，即使她穷困到步行数十里到城中去卖花，繁忙到写几行文稿就要到厨房里去翻看面饼，她依然不怨不尤，只是开心地笑道："我已经完成了一件美的工作！"

这样的心境，是多少人梦寐以求的呢？

不过，柴静说：与其欣羡故事里的玛丽，不如自己找一个安静的夜晚，下班回家后，别急着打开电脑，别急着去刷微博、玩游戏。去储物间翻一翻，捡一捡，找出封存多年的日记，或者是已经受潮、泛黄的小学作文，将它们和自己快要干涸的心灵一起摊开，让那些闪耀着最初的梦想的记忆，一滴滴打在心头……

这并不是对现实的某种逃避，而是在纷扰的现代社会里，每个女人都应该享受的片刻安宁与回归。不被生活的惯性裹挟，不被纷至沓来的信息淹没，只是安然地沉醉于曾经的那些可笑又可爱的念头，或是仅仅重温一个小女孩突发的白日梦……

当我们合上日记的那一刻，会发现，自己心底的那片土地，又开始有了春意。虽然第二天醒来，生活还要继续，我们还会被人潮拥进地铁、公交，拥进办公楼、格子间。但至少，我们已经清晰地感觉到，身体里有些东西已经渐渐苏醒过来。而醒着的人和睡着的人，眼里永远是不同的世界……

至少，醒着的人，更容易找回自己对这个世界的初恋，不是吗？

78. 每天抽出点时间与自己单独相处

很多女人总是习惯睁大眼睛，仔细打量周遭的、网上的、世界的一切，生怕错过一个新的资讯，跟朋友闲聊时没了谈资。柴静就从不慌乱，她知道自己要去哪里，想做什么，需要什么，所以从来都是不疾不徐，不慌不忙。

柴静是优雅的，但是你知道她的优雅来自哪里吗？她坦言，是主动创造的独处时光，使得自己能够安下心神，始终跟着自己的节奏。她说："只有独处的时候，一个人才会了解自己。"而不了解自己的人，一切喜怒哀乐都少了点真实和厚重。

有些事，只能一个人做；有些关，只能一个人过；有些路，只能一个人走。为了创造独处的时光，追寻内心的理想，柴静大学毕业后没有听从父母的安排回老家，而是留在长沙做《夜色温柔》的主持人。对于那段颇为孤寂的时光，她说："做《夜色温柔》，是转向梦想的时期，我独立做决断、完全依靠自己，为了异乡寂寞的自己和深夜寂寞的他人。做电台主持那三年，也是一个人最好的青春岁月：单纯，明净，有些青涩。它留给我人生的痕迹很重。"柴静坦言，正是那段孤寂而明净的岁月从根本上改变了自己，她甚至断言："如果没有那一段，也许我现在穿着工作制服，在铁路上走来走去，过着完全不同的生活。"

即使是已经成为了央视的著名主持人，柴静依然是个颇为安静的人。她说："我在节目中访问名流，像张朝阳、苏瑾和丁薇，也都曾是腼腆沉默的人。慢慢长大，对世界的好奇心就增加了，内心转向敞开。不过直到现在，我仍然有些孤寂癖性。"她认为，正是这种"孤僻"产生的与自己对话的静谧时光，使得自己成为现在这个从容的女人。

独处是为了与自己交谈。探险家大卫·尼尔说："一个人独处的甜美经验是笔墨难以形容的。心灵和感觉在不断观察和反省的沉思中，发展出敏锐度。"可有多少女人，已经忘记了这种"甜美经验"，对美好事物的感受也变得越发迟钝。所以，柴静建议：为了给我们的内心换一首安静的背景音乐，我们需要找一段时间安静地独处，在那个当下，和自己完美地相遇。

当然，你也许会担心把家人朋友晾在一边不太好，但柴静敏锐地指出：这种想法，其实来源于我们对自己的欺骗——虽然要处理的事很多，但我们每天不是还能余下很多时间去看一些没有营养的肥皂剧，浏览一些不知真假的娱乐八卦吗？难道就抽不出十几分钟和自己单独相处？

安宁的独处是生命的需要，是幸福的养料，但问题是独处的时候，我们该做点什么呢？单纯地坐着或者躺着吗？其实，我们在和自己独处时，能做的事实在太多了！不如学学柴静在博客中提到的那样，尝试下面两件事。

一、想些没有答案的问题。也许你会觉得可笑："这算什么？"殊不知，"人是一株会思想的芦苇"，当我们远离了那些看似没有意义的思索，我们的人生，也就真的没有多少意义了。柴静从高中起就爱"胡思乱想"，她那时的日记和随笔也满是闪着灵光的话语。也许正是这份对未知的好奇与诘问，才造就了她后来对真相的勇敢与执著。

柴静说：虽然有些问题似乎永远都没有答案，但对它们的每一次思考，都会让我们更接近心中那个真实的自己。西方有句谚语说："人类一思考，上帝就发笑。"但如果我们因此就停止思考，岂不更加可笑？

二、反思自己。"静坐常思己过，闲谈莫论人非。"古人早就提醒我们，一个人静坐时要常常思虑自己的行为，想想自己的对错。柴静知道自己不是完人，所以常常反思自己的言行。她常会窝在家里，反复观看自己的节目录像，看看哪里做得不恰当，看看什么地方还可以更好。

这种及时的反思值得每个女人借鉴，如果你想起了昨天因为工作劳累而对家人态度冷淡，今天就买点小礼物，早点下班回去逗他们开心；如果你想起了就在刚才和同事因为一个问题的分歧而言语不快，马上就去和他开个玩笑，让芥蒂在笑声里烟消云散……柴静说：这样的反思，要远比工作总结和年终汇报更值得我们花费宝贵的时间。

从现在开始，和柴静一样，与自己完整地在一起吧！体会眼前、脑海、心底的一切，让它们一一浮现、绽开，再把它们一一折好、放稳。等你静静完成了这一切，心满意足地继续上路时，你会蓦然发现，自己从里到外已经焕然一新，那将是一种多么安宁而笃定的感觉！

生命就该浪费在美好的事情上

79. 多用美好的事物填充时间

网上曾流传这么一句话："世界上最遥远的距离，不是我就站在你面前，你却不知道我爱你，而是我们坐在一起，你却在玩手机。"不知不觉中，这样的一句调侃就成了我们周遭不断上演的现实。

柴静在一次关于手机等智能产品对我们生活的影响的采访中感慨：现代女人最大的悲哀，就是将自己的时间和精力，都交给了没有生命的东西。想想我们自己就知道了，在家里对着电脑，在办公室对着电脑，在地铁公交上对着手机，在朋友聚会时对着手机，我们的每一天，差不多都奉献给了那几块冷冷的屏幕了。

如今，手机成了小型的移动电脑，不管是在家还是在同学聚会上，我们的眼里都只有闪烁的屏幕，只有通过文字和画面表达的快乐和悲伤，没有新鲜的、带着体温的微笑和眼泪。对此，柴静援引尼采的那句著名独白进行呼吁："每个不曾起舞的日子，都是对生命的辜负。"

柴静说，生命太短，甚至不够我们完成一些必须要做的事，但它也许刚好够我们完成想做的事。所以，请别再把自己附着于那些光纤信号里。

我们手边这真实的世界，有着更多值得我们注视和关心的事物，去发现它，轻抚它，拥抱它，我们才会重新找回那个，最真实也最美的自己！

对此，可能许多女人都感到深深的厌恶，却又不知具体该怎么做。是呀，不上网，我们还能干吗呢？一些豆瓣上的朋友专门为此成立了一个小组，叫“你为什么不关掉电脑去做爱做的事”，里面为我们提供了许多有趣的建议，我们不妨试一试：

有的人把QQ签名改成：每晚十点准时下网，欢迎大家监督！结果每天差不多快到点时，就会有很多“人肉闹钟”跳出来帮她倒数……

有的人每天把需要网络做的事列个清单，集中在一段时间内一次处理完，剩下的时间则用来看书或写作。

有的人自控能力比较强，就在意识里反复提醒自己：第一，上网时间不能太长，以肩膀和手指不酸为底线。第二，能用替代手段做的事就坚决不用网络，比如联络朋友，打电话就行了。第三，明确自己每次上网的意图，把上网当成一个手段，而不是休闲活动。是查资料，发邮件，还是下载文件？都要有明确的目的。最后，反复提醒自己，网络里再大的事也只是虚无，现实中再小的事也是实在！

有的人更绝，干脆把电脑椅搬走，这样想上网就必须站着——你有多爱上网，就要承受相应的痛苦……

对手机也有人想出了有趣的戒瘾方法，美国加州最近流行一种叫“手机叠叠乐”的游戏，规则很简单：吃饭时全部人交出手机，叠在一起，谁先受不了去碰手机，就要买单。

针对这一现象，柴静鼓励我们：若是真的下定决心不再让电脑、手机、网络这些东西将我们隔绝在真实世界之外，方法还是有很多很多的。我们还可以用美好的事物来填充我们的时间：写感恩信，锻炼身体，表达善意，等等。这些远比网上的段子更能增加我们的幸福感。

80. 生命只在一呼一吸间

细心欣赏一朵花的盛开，沉醉于一阵微风掠过，细想人生百味，咀嚼生活点滴，这样的生活何其惬意！可惜的是，生活中的美总是被忽略。如果天上的星辰一生只出现一次，那么每个人一定都会出去仰望，而且看过的人一定都会大谈这次经历的庄严和壮观。传媒一定提前就大做宣传，而事后许久还要大赞其美。星辰果真只出现一次，我们一定不愿错过星辰之美，不幸的是它们每晚都闪亮，所以我们好几个月都不去抬头望一眼天空。

生活并不缺少美，只是缺少发现美的眼睛，当生活在欲求永无止境的状态时，我们永远都无法体会生活的简约之美。

晓玲是柴静的忠实观众，她在一家外企做部门经理助理，每天成堆的文件、无休止的琐事、复杂的人际关系让她忙得焦头烂额。于是，忙中出错就成了她的家常便饭，有时她会把会议提醒发到朋友群，也会把对老板的吐槽发到工作群……往往一天下来，她都不希望再见到第二天的太阳，更别说听见早上7点的闹铃了。但考虑之前几次不愉快的换工作经历和现在颇为优厚的待遇，她还是咬咬牙忍了下来。

犹豫和挣扎之余，晓玲只能在柴静的节目和博客中寻求答案。一次，她读到了一篇关于柴静的采访。采访中，柴静提到自己在刚加入央视时，由于能力得不到认同而苦恼。那段时间，她一面焦急地寻找提升自己的方法，一面和制作人、受访嘉宾、观众，甚至是与自己较劲。那个在《夜色温柔》中优雅文艺、在《新青年》中从容笃定的柴静，渐渐变得心浮气躁起来。

为了改变这一状况，柴静努力地调整自己的状态。她时刻提醒自己在面对问题时要静下心去思考，而不是着急地辩解。若是真的遇到难以克制情绪的时刻，就试着深呼吸几下，放缓心跳，让情绪相对和缓地释放出来。

久而久之，柴静不仅恢复了从前的从容，甚至还有一种更上一层楼的感觉。柴静对《看见》的编导，也是自己的好闺蜜范铭透露："我能感觉自己的天灵盖被打开了。比如今天两个摄像，还有编导，旁边很嘈杂，当机器一开，外界所有的信息，一点风吹草动，我都能感受。你还记得以前有一个男编导，喜欢玩打火机，开关噼啪噼啪的声音我能放大无数倍。周围人的走动，编导的皱眉都会影响我。这就像灵魂出窍的感觉。"

范铭也佐证了柴静的这种神奇的变化："一开机，柴静就把所有的细胞打开，她理解力超强，能穿透语言的本身。开句玩笑，哪怕是一个葡萄牙人西班牙人，她都可以直接交流。"

这段采访引起了晓玲的兴趣，她开始学习柴静用呼吸来调整自己的工作节奏。每当要被纷乱的文件、复杂的人际关系所淹没得快窒息时，她就停下来，深呼吸几次，将自己的心跳放缓，将自己的动作放慢。渐渐地，她也感受到了柴静的那种对身边事物感到"通透"的神奇，她发现，绝大部分时候，我们身边的空气都是静默如谜的，只是我们的脚步太快，看似生活得风生水起，其实却在不知不觉中搅乱了那份静谧。现在，她终于重新体验到了呼吸和安静的价值，做事也越来越有条不紊，出错的几率也大大降低。

其实，呼吸不仅是生存的硬性需要，是工作的有效润滑剂，还是生命的奢侈享受。正如马来西亚歌手阿牛在《我的275克拉阳光》里写的那样："住最顶级的豪宅开最名贵的跑车抽最优质的雪茄喝年份最老的红酒……这都不算奢侈。最奢侈的奢侈，原是心无牵挂一身轻，在阳光下呼吸钻石般透明的空气。"

晓玲现在把每天上班的时间分为两部分，一部分用来工作糊口，一部分用来呼吸养心。工作再忙，她也会不时抽出几分钟倚在走廊的窗口玩自已的“呼吸游戏”，她会闭上眼睛呼吸窗外的一切，放松身心的同时，猜测远处那片围墙上的植物开着什么颜色的花，想象今天早上有哪些人往来于楼下那条小路，甚至“预测”下班时会是什么天气……渐渐的，她还从中悟出不少“真理”，她在自己的博客里写道：“感谢柴静让我感受到呼吸的价值。空气动起来是风，不动的时候，是安静。这种安静无法用语言来解释，只能用心口去呼吸。”

什么工作都有琐碎的难题，但面对碎屑宜慎不宜急。慎是适度的紧张，是一种负责的态度；急则是过度的焦躁，是一种不必要的负担。显然，在工作上，我们需要的不是负担，而是助力。毕竟，即使时代再匆忙，我们也有时间留给倾听、想象和呼吸；工作再紧张，也有人始终跟着自己的节奏，不慌不忙，游刃有余。

81. 多做几件让自己心有所依的事儿

女人有很多种，漂亮的、不漂亮的，温柔似水的、泼辣强悍的，善解人意的、不明事理的，千娇百媚的、刻板呆滞不解风情的，林林总总，不一而足。在这其中，最吸引人的那个一定是散发着蓬勃朝气的会生活的女人。

在柴静看来，真正懂得享受生活的女人，不仅会放慢前行的脚步，还会时不时回头，望望那条来路，看它是否还像从前懵懵懂懂却郁郁葱葱。如果你愿意，那就试试柴静在《夜色温柔》中建议的那样，偶尔回到那间满是回忆的木屋里，做几件“有温度”的事。

（1）听听经典的老歌。

你是否也有过这样的体验，偶然听到一首曾经很喜欢的老歌，心里会

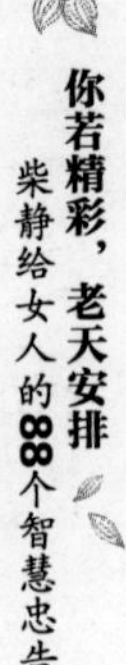

莫名地一动，或欣喜或激动或是一阵揪心，然后便让自己陷入对过去的无尽回忆中？作家林白曾说："一部电影，只要它逝去了20年，它的歌曲就像一些柔软的手，从草编的花篮里伸出，舞动着各种令人心疼的手势。"是的，那些经典的老歌就像是一只只温柔的手，从生活的许多隐秘角落里伸出来，触发我们的泪水，也拥抱了我们的心。

对曾经做过三年电台主持人的柴静来说，一首老歌，就是一份记忆，就是一段往事，就是一片抹不去也忘不了的情感。她说：听听曾经反复为之哼唱的老歌，品味曾经或欢喜或失落的情感，那样的情感或许我们此后的人生都不会再有，那个曾经与我们产生过交集的人，也许永远都不会再出现……人生有时需要这样一份永远不会褪色的美丽，好让我们在这个生活节奏无比之快的世界疾走时，还能有回头看看的欲望和念想。

（2）翻翻过去的日记。

柴静从小就有写日记的习惯，她突出的文笔，精练而准确的用词都得益于此。其实，日记的作用并不只是记事和练笔，现在的人习惯在外人，甚至亲人面前将自己包裹得严严实实，自然找不到一个合适的出口来记录，或说宣泄自己的情绪。于是，日记就成了一个很好的听众，因为只有它可以保证，永远不会主动向别人倾吐你的秘密。等时过境迁，岁月给那些艰涩的往事笼上一层晕黄的暖光，让一切苦痛和不堪都展露出生命的动人，你就会收获一本满满的幸福和满足。

日记里承载着你的喜怒哀乐，也记录了你的成长轨迹。就像老狼在《恋恋风尘》里反复吟唱的那句："露水挂在发梢，结满透明的惆怅，是我一生最初的迷惘。"你的日记里，是否也藏着最初的惆怅，第一次的心动，抑或初次的热泪盈眶呢？

最重要的是，当你把所有的心情都如同日记本的纸页一样摊开来体会，全然地聆听自己心底的声音时，你才会遇见那个完全真实的自己。也许你常常会觉得自己都不了解自己的渴望和喜怒，那就去看看自己心底每个角落的风景，听听自己心头每段枝丫的摇曳吧。也许你会从中更清晰地看到自己的影子，或者说，自己最渴望的样子。

柴静建议说：看日记的时候，有兴趣的话，你也可以在每一篇的后面写上你现在的心情，写上你新的感想和领悟。这样，等你下次再看时，又是一番有趣的滋味。

（3）逛逛童年待过的地方。

成人的生活仿佛打印机打出的铅字，千篇一律。而每个人的童年时光，却是由不同的颜色和字体亲手写就的：有的是乡间弯曲的小路，开满鲜花的田野；有的是深幽的胡同，方方正正的四合院；有的是普通的小区，准确而生硬的门牌号码……但无论在哪，它们都是最令我们怀念的地方。

诗人牧来在《河》里写道："那时，桥上的石头很暖；现在，水里的脚步很长。桥上的石头很暖，是因为一个叫童年的家伙，一直坐在那里；水里的脚步很长，是因为每一次回头，都是远望……"生活就是这样，只有童年一直坐着的那座小桥上才有温暖，而我们随着流水的脚步，只能一次次回头远望那最初，也最纯净的美好时光。

所以，无论是你自己或是和你的爱人、你的朋友一起再回到童年居住的地方看看吧，回去逛逛那些曾经玩耍过的田野或街道，回去看看那些曾经流连过的风景和心情，我们才不至于将童年赠予我们的所有纯真，都遗失殆尽。如果你已经有了孩子，而他又未见过你儿时住过的地方，那就更该带他去看看，看看那片生你养你的土地，看看你小时候和小伙伴经常玩耍的地方，你每次上学经过的街道，带他摸一摸你曾环抱过的大树，玩过的玩具……这样的分享和传承，想来要比钢琴课对他更有吸引力，也更有教育的意义。

柴静说：听听老歌，翻翻日记，逛逛故地……这是每个女人都能轻松拥有的快乐满足，也是很多女人都会轻易忽略的简单美好。对此，我们不置可否，因为我们哪有工夫去惋惜别人的粗心大意呢？在这段匆忙的旅途中，属于我们的旋律刚刚响起，属于我们的记忆恰好摊开，我们还是先顾着自己，去做几件让自己心有所依的、有温度的事吧。

淡定柴静：进一寸有一寸的欢喜

82. 侧耳倾听，生活处处有美景

在文学青年眼里，柴静是林徽因；在铁杆粉丝眼里，柴静是女神；在新闻系学生眼里，柴静是人生偶像；在采访对象眼里，柴静是央视大牌主持人……作为年少成名的电台主持人，柴静20岁就已经小有名气，而后一系列的光环也令很多人羡慕，但柴静并没有被这些冲昏头，她依然保持简单纯粹的状态。正如她在介绍自己时常说的那句："我叫柴静：火柴的柴，安静的静。"在本质上，柴静只是一个安安静静的幸福女人，她比其他女人多的不是多么强大的气场，不是多么卓绝的工作能力，而是一份纯净的心境。

《中国周刊》记者采访柴静时问道："这些年，你一直住在租的房子，也不买车，是甘于清贫吗？"

柴静似乎从未考虑过这个问题，她想了很久，最后答道："我很怕这沦为一个符号化的东西。其实我并不高尚，但世俗意义上的成功和财富，并不能给我带来安全感。有时想想，这里面是空的，是不可依靠的。大部分时候，我更看重生命本身，它才是真的，它饱满像果实。而有些东西是空的，我从里面体会不到任何幸福。”

记者有些不相信，便追问：“你没有功利心吗？”

柴静这次答得很果断，她说：“我没有‘攻’的心，只有‘守’的心。”

这就是柴静：简单，干净，却绝不普通。柴静认为：金钱、名誉和个人的道德、能力没有太大的相关性，她只想安安心心地做自己喜欢的事，按自己喜欢的方式生活。这样，就足够了。柴静出名之后，很多朋友都曾被委托来邀请柴静出席饭局、商演主持，等等。但他们都知趣地帮柴静推掉了，因为闲暇时光，柴静更愿意一个人待在屋里看电影、听歌、写文章，或者出去旅行。至于这些报酬颇丰的应酬，柴静从不热心。

所以，作为“央视最穷主持人”，柴静并非没有发财的机会，她只是对现在这种在温饱基础上能够随心而活的状态很满足。她向《中国周刊》记者坦言，现在就是自己“最轻松舒服的状态”，她说：“有时想，自己真幸运。我怎么能这么幸福呢。然后又带着点傻乎乎的天真，觉得其他部分少给我点吧，这样我可以抱有这种幸福。不能奢求一个人可以匹配太多幸福。”这也许就是她口中的“守”吧。

柴静放弃名利去坚守的，究竟是什么呢？

对此，柴静自己也没有明确的答案，倒是她朋友不经意的一句话，道出了真相，他说：“对我们来说，柴静就是一个惹人喜爱的邻家女孩。”是的，柴静坚守的，正是如邻家女孩一样干净而纯粹的心境。

有了这颗干净的心，整个世界在她眼中都会变得更加清澈透明。

进入央视后，柴静的工作变得繁忙起来，一年有三分之二的时间要出差，但她却乐此不疲，因为她总能从琐碎的烦恼中找到惊喜和快乐。去乡下时，同事为下雨没伞而抱怨连连，柴静却开心地闻着“雨点子溅在土里的味道”；一个冬天，采访车陷在泥里，柴静和同事被冻得直打哆嗦，但一抬头，她就又高兴起来：“看！满天星斗，亮得吓人呢！”

这就是柴静向往的心境和坚守的东西：生活里处处都有美丽的风景，

身边的每一个人也都有他可爱的地方，女人只需要保留那颗邻家女孩似的干净的初心，侧耳倾听，这个世界就会尽情地为她们高歌欢语，低唱浅吟！

83. 不要让物质束缚了生活

在这个物欲横流的时代，我们不能对物质一味地排斥，毕竟精神生活是建立在物质生活之上的，但我们也不能被物质约束，让它扰乱生活。

《读库》主编张立宪在2012年5月拿到了柴静的新书《看见》后，帮她认认真真地看了一遍，张立宪解释说："你说白岩松，他的书卖好卖坏无所谓，版税只是帮衬和点缀。但对柴静来说，版税很重要。她不阔，朋友们都希望这本书让她赚够版税，这样，就不用租房住了。"对此，柴静自己倒是很淡定，虽然后来这本书卖了上百万册，但柴静却没有因此而雀跃，她只是继续自己朴素而安静的生活，该读书读书，该写字写字，该采访采访。她的生活，没有因为这突来的财富而有所改变。

很多人不理解柴静，柴静则反问他们：很多人都想中500万彩票，但你有没有想过，我们为何一定要接受这笔突来的财富，让它粗鲁地打乱我们正常的生活节奏和平静的心呢？

是的，我们面临着高昂的房价、紧张的工作、冰冷的人际关系，还有许许多多的不如意，前途一片迷茫，人生满是灰暗。如果突然有了500万，这些不如意里的大多数想必都能解决吧，我们的前路也不再是绝路。但是，我们似乎忘了问问自己：这样突来的幸运在把我们大踏步地往前方走去的时候，是不是也逼迫我们放下些什么呢？而那些被放下的事物，是不是更加珍贵呢？

没有这500万，我们今天思考的也许是周末是丈夫生日，我得赶紧忙完手头的活，给他准备一个惊喜；有了这500万，可能我们会花更多的时间去请教律师：这钱算是夫妻共有财产吗？离婚了会不会平分呀？

没有这500万，我们今天担忧的也许是：母亲腿脚不好，下个月一定要回去帮她做点家务，陪她聊聊家常；有了这500万，可能我们会豪气地雇一个24小时的贴身保姆，让她照料母亲的所有饮食起居，但当母亲提出想见我们一面时，我们可能已经在去马尔代夫的飞机上了。

没有这500万，我们今天可能会在QQ上和朋友尽情调侃：“没事，等我有钱了，我罩着你！”有了这500万，我们也许就再也不会登QQ了，因为谁知道那个找你聊天的家伙是为了钱还是一起度过的旧时光呢？

没有这500万，你还是你自己，你还拥有一个完整的家，一个完整的朋友圈，一个完整属于你的今天。有了这500万，也许我们不会像上面那些人那么无情，但至少，我们的心，不会再安静地属于爱我们的人，甚至我们自己。其实，我们只要在百度里同时搜索“彩票中奖”和“悲剧”两个词，就能看见更残酷的、真实的例子。

有句话说得好：“简约不是少，而是没有多余；足够也不是多，而是刚好你在。”很多女人之所以会为过去的损失而揪心，会为明天的前路而着急，会渴望天上掉下来的馅饼来填饱这些饕餮的烦恼，仅仅是因为，她们没有全然地活在今天，活在此刻，活在全心的爱和被爱里。真正的幸运不是得到多余的财富、名誉，而是不失去必需的快乐、知足。对此，柴静叹息道：我们已经拥有了太多太多，只是不懂得珍惜。

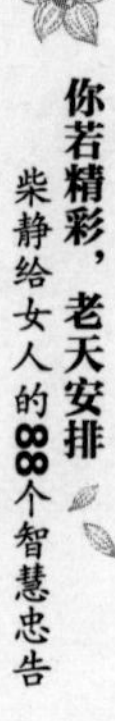

84. 删繁就简，为幸福美好留空间

柴静对书中的世界十分痴迷，她在古代文献里发现，这世界上有一种短命的飞虫，名为“蜉蝣”。蜉蝣是看不到日出和日落的，因为它们在日出之后才出生，在日落之前已经死去。蜉蝣的生命短暂得如此可怜，甚至都无法经历一个春秋、一个冬夏，就像“夏虫不可语冰”里的夏虫一样，永远感知不到另一种截然不同的风景。

柴静感叹：相比来看，人类已算是一个相当长寿的奇迹了。然而，她也不禁反思：如果这个星球上有某种生命能延续上万年甚至上百万年，在它们眼里，我们的一生不也如蜉蝣一样短暂吗？生命就是如此残酷，每个正常走过一生的人，都不过是轮回了三万次的蜉蝣而已。

生如蜉蝣三万次，我们并不是从一开始就知道这个令人难过的事实。往往，在我们经历许多风雨彩虹，尝过许多欢笑泪水之后，才在他人的口中或自己的心底沮丧地发现：原来我们的生命，这个我们还不曾充分拥抱的奇迹，是存在有效期的，时间有限，过期作废。

如果你对此仍然没有觉察，不妨试着在下雨天，一个人静静地看看窗外的雨水，看每一滴雨水坠落在地面之后，便迅速地与地面上的积水混在一起，再也找不到它在空中时的形状。虽然我们知道，这滴雨水并没有消失，它只是换了种形态继续存在。可是，我们却再也找不到它了，虽然每一滴雨水都是那么晶莹剔透，可是，不会再有一滴雨水和刚才那一滴完全一样。这滴雨水从最初的尘埃和水蒸气开始，一直到完全混入在积水之中，过程是多么地短暂。一如，我们自己每天的生命。

也许此时，你才会有一点警醒和迫切吧！

是的，每一天，这个星球上都有很多奇迹诞生；是的，每一天，这个世界上也有很多奇迹凋零。所以，请珍惜奇迹般的每一天，也珍惜身边的每一个奇迹般的人。试着每一天，彻底地洗刷过往的痛苦和快乐，让一切重生！或者，换个更贴近生活的说法，每天将自己重启，这样才能保持高速的运转效率，从容应对人生的风雨。

用过电脑的朋友都知道，如果我们在系统中安装的应用软件越多，电脑运行的速度就会越慢。而且在运行过程中，还会有大量的垃圾文件、错误信息不断产生，若不及时清理掉，不仅仅影响电脑的运行速度，还会造成死机，甚至整个系统的瘫痪。所以，我们必须定期删除多余的软件，清理垃圾文件，这样才能保证电脑的正常运行。

我们的生活、大脑和电脑系统十分相似，如果你想过一种简单快乐，又有新鲜活力的生活，就不能背负太多不必要的包袱，就要学会删繁就简。每天将烦恼和妄想从我们大脑的硬盘中删除掉，为幸福和美好的事物留下足够的空间。

对此，柴静就十分在行。由于采访任务颇重，柴静出差时常常会忙到深夜，但在寄回北京的带子里，编导却发现镜头中的柴静一点没有疲态。其实，她保持精力旺盛的秘诀就是每天睡前清空自己的纷乱思绪，让今日的问题留在今日，将明天的烦恼堵在明晨。这样，她的每次睡眠，都是一次高效的“重启”，醒来的她自然精神振奋。

很多时候，我们在人生旅途上匆忙赶路，蓦然回首，既错过很多美丽风景，也浪费了许多可贵时光。当我们把一切都视为理所当然，不再像孩子那样对新鲜的事物充满好奇，并花时间去欣赏、发现、品味时，我们就错过了最完美的自己。不如每夜“死去”一次，重启一次，第二天如初生的婴儿一样，仅仅保留着对这个世界的好奇与敏感，用这颗清新、纯真的心，去拥抱最美的世间，也拥抱最美的自己。

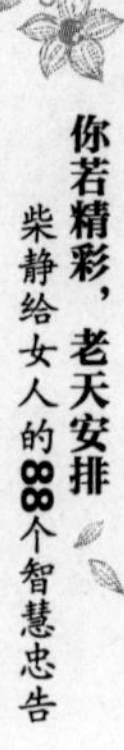

85. 学会放手，生活更容易

人生的道路曲折漫长，生活的道理却常常简单精练。中国第一位诺贝尔文学奖得主莫言就曾睿智地总结道："人生有四然：来是偶然，去是必然，尽其当然，顺其自然。"的确，往事如烟如梦，岁月来去匆匆，我们唯有做好本分，顺其自然，才能享受随缘的幸福。

可惜，并不是每个女人都懂得顺其自然、身心清澈的生活之道。在这个匆忙的时代里，把积累视为享受，把数量视为幸福的女人不在少数，她们的"自然"不是知足常乐，而是不断攫取——哪怕以迷失为代价。

柴静却从未迷失过本真的自己，有记者问她："在这个匆忙的时代，女人如何才能做到不被生活裹挟着前行，渐渐迷失呢？"柴静微笑着回答："脱去负累，身心清爽，自然能看得到天澈地明。女人缺乏安全感，所以总习惯通过不断获取新东西来安慰自己。但这样却往往失去了清爽干脆地生活的乐趣。放下一些，安静一些，也许就能对未来看得更清楚一些。"

柴静曾采访过一位成功女性，这位女士在年轻的时候，和现在的我们一样，充满激情，也比较贪心，什么机会都不肯放过。有一段时间，她的公司同时进行着好几个大项目，她自己还因为兴趣爱好客串着电视节目嘉宾，每天忙得昏天暗地。然而，事业愈做愈大，压力也愈来愈大。到了后来，她发觉这种拥有和追逐不是乐趣，而是一种沉重的负担，因为她的内心始终被强烈的焦躁和不安全感笼罩着。后来，灾难终于发生了，她的公司因经营不善而倒闭，丈夫也和她离了婚……一连串的打击让她瞬间崩溃，在极度沮丧的时候，她甚至想到过结束自己的生命。

她向柴静坦露："当时我觉得整个世界都完了，如果我彻底放弃这一切，我不知道我还能做什么？但是后来一个朋友的一句宽慰点醒了我，她告诉我：'你可以反问自己：你有什么不能做？！'是啊，我们本来就是一无所有，既然如此，又有什么好怕的呢？现在我有了大把的时间，做什么不行呢？"

她学会了"生活的减法"，为了简化生活，她谢绝应酬，淘汰不必要的家当，只留下一张床、一个书桌，还有两只做伴的猫。她忽然发现，原来一个人需要的那么有限，许多附加的东西都只是无谓的负担而已。

有同事不解地问她："你为什么都不爱自己？"

她回答："我现在是从内在爱自己。"

就这样，念头一转，她的整个状态也随之改变。以前畏惧她的强势和野心的人也渐渐接受了全新的她，她也得以获得帮助，渡过难关。

一个人在自己觉得不堪重负的时候，应当学会做"减法"，主动脱去多余的负赘，减去自己不需要的东西，这样才能身心清澈地生活，才有人生的天宽地阔。当然，这除了提醒我们摒除生活中多余的、花哨的部分，避免喧嚣的色彩和烦琐的花纹，更重要的是激励我们去发现自己质朴、安静的那一面。

我们要学会的不仅仅是减去多余的应酬和奔波，还有如何处理这省下的年华和精力。是随便报个某种证书的培训班，美化自己的履历，还是持续而用心地关注某个领域的动态，为自己的大脑充电？是无聊地刷新微博首页，还是找些有趣的小站找寻意外的惊喜？是随便找来排行榜推荐的电影和书籍打发时光，还是做个有心人，去论坛或地摊淘淘被埋没的经典？是照例和亲人在一起无言地看电视，还是上网学学家庭互动游戏攻略，然后鼓动爸妈和爱人一起来玩？……对简单的生活来说，选择往往就意味着结果。你统统选择前者，就选择了一种单调乏味的生活；你全部选择后者，就选择了一种快乐充实的生活。

相信聪明的你，心里已经有了答案。

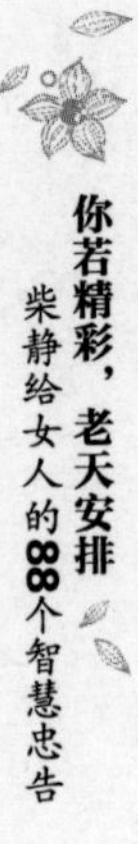

静下来，看见幸福

86. 安心，柴米油盐里也有你要的一切

我们都渴望波澜壮阔的人生，期待跌宕起伏的冒险，认为这才是华美青春最贴切的注脚。然而，要想品尝人间百味，体会百感交集的滋味，并不一定要大起大落的折腾，你若有心，柴米油盐里也有你要的一切。

柴静十分赞同智利诗人巴勃罗·聂鲁达的说法："当华美的叶片落尽，生命的脉络才历历可见。"只有落尽繁华，归于平淡，才能看得清生命和自己的本来面目。

在长沙主持《夜色温柔》时，每个星期天，柴静都要一个人在电台办公室待很久。她回忆那段时光时说："我的桌子在窗边，一扇窗子是阳光，一扇窗子是树。风轻轻吹过的时候，树叶就动了，隔着玻璃听不到的声音，在我心里晃动。"这份在孤寂中体味出的恬淡心境，带柴静领略的，正是生活的真味。

当然，柴静体会到的，并不只是静谧与恬淡。一个冬天晚上，下了班的柴静去吃宵夜，进门的一刹那，柴静感到"一屋子微黄的灯光直泼过来"。柴静赫然发现：那么深的夜里，屋里还是坐满了人，看到火锅微沸的样子，柴静说自己有一种“奇特的魅惑之感”，仿佛自己是在荒野中独行了很久，突然看到一间灯火通明的屋子，那种欣喜像一场“不能相信的际遇”，给了她莫大的感动。

柴静所形容的这种欣喜与感动并不突兀，那是一种真正发现了生活真相的感觉。当我们在日渐昏沉中慢慢失去对别人的关心时，自然无法体验到这种在偶遇的人群中收获满满的温暖的快乐。

在那些日子里，柴静每天在黎明时都会听见卖米粉的人远远地吆喝，对一个将醒未醒的人来说，那种声音让她感到“一种未开化的原始生命力”。最后，柴静总结道：“现实人生就是这样，大多时候乏善可陈，有时却有最奇特的经验胜过一切传奇。很多人寄望于西藏，摇滚乐，恋爱，希望从中发现惊奇。我只愿在万人如海中安心地过下去，那里处处有让人震动和狂喜的东西。”

是啊，生活本不是由那些华丽而耀眼的词汇所构成，而是由每天的喜怒哀乐，每夜的酣睡、不眠，由自己小小不言的爱好，由这些沾满柴米油盐、欢笑和泪水的平凡的日子所组成。我们需要的，只是像柴静一样，学会发现和品味。

但是，柴静也承认：要想像她那样，在生活的种种细节中真切地尝出平淡的美味，之前总得掺杂许多苦涩的泪水。生活就是这样喜欢捉弄人，走过了险峻的高山和坎坷的洼地，它才告诉你平坦的道路是多么悠然怡人；尝过了最苦的咖啡和最甜的果汁，它才提醒你最解渴的其实是清澈的白水；经历了万人瞩目的辉煌和千夫所指的落魄，它才拍拍你的肩头，温柔地说道：“平平淡淡才是真。”

不过，仔细想来，这两者其实并不矛盾。抑扬顿挫的是人生，不声不响的是幸福。生活的起伏总是不可避免的，但内心的淡然却是可以由我们牢牢把握的。这就像许多人都喜欢喝的茶，虽然杯中的茶叶总是要经过沸水的冲泡，在不断的沉浮中经受洗礼，但最终弥散出的味道却并不浓郁呛人，只是发出淡然的清香。生活的滋味正如这杯清茶，虽然它的过程跌宕

起伏，但身处其中的我们，依然可以学会放平心情，让心跳的节奏和茶香弥散的速度保持一致，在细细的品茗中，尝出层层递进的、生生不息的味道。

人生百年，祸福相随，你是在惴惴不安中度过，还是在优雅从容中生活？其实，只有安心才能处处见幸福。可能一件事情做久了，我们会产生莫名的厌倦或烦躁，然而这种情绪并非这件事造成的，而是我们的心“动”了，在挣扎，想要摆脱。只要心恢复了平静，幸福自然会无处不在。

漫漫人生路上，我们总要品尝各种滋味，体验各种心境。有咸有淡，有高潮有低谷，才是最完整、最圆满的答卷。不管是像柴静这样的“明星”，还是我们这些普通女子，都要安心品尝自己的生活。或甜或苦，或咸或淡，始终保持洗尽铅华之后的自我认定与归属，拥有这样的心境，才能在任何一种滋味里，都尝出幸福。

87. 把目光放在你的选择之后

“想当年，我在大学里也算是数一数二的美女才女，为什么现在那些曾经比我不如的人个个都是宝马、LV，而我却是房奴、孩奴？”这是很多女人在被工作、家庭捆缚手脚后都会生出的抱怨。她们常常幻想：“如果年轻的时候，我没有……而是……那我现在的人生，就完全不一样了吧。”

而柴静告诉我们：人生无法假设，更没有必要去假设。如果我们一直盯着那些未曾选择的道路，而忘了安心于脚下的步伐，那最后不是跌倒，就是迷路。对于那些仍然把注意力放在幻想和叹息上的女人，柴静推荐她们去看一部电影：《谁动了我的幸福》。

故事的主角叫牛飞，他是一个高级投资经纪人，年轻有为，年薪百万，住最豪华的公寓，开最拉风的跑车，简单来讲，就是咱们都羡慕的精英中的精英。一次，牛飞偶然间得到了年轻时恋人杨琪的消息，但在去见杨琪的路上，他却发生了车祸……

牛飞醒来后，发现自己并不是缠满绷带，躺在医院病房里，而是生活在一间破旧的老公寓里，周围的一切都变得匪夷所思：一个黄脸婆叫他老公，一个小女孩叫他爸爸。仔细一看，这个女人正是他以前的恋人杨琪。慢慢地，牛飞发现匪夷所思的事情还不止如此：他现在的身份不再是公司总裁，而是一个女装专卖店的小老板，他的跑车也变成了一辆破夏利。当他不甘地跑到公司，却发现同事们压根就不认识自己。

牛飞绝望地发现，他自己居然变成了一个“普通人”，每天的生活充斥着各种琐屑与烦恼。从前买东西从来不看价格的他，开始斟酌着自己的荷包，从前说一不二的他，现在谁都敢和他争吵……他尝试告诉身边的每个人，他不是这个牛飞，而是那个牛飞，但身边的人都觉得他得了癔症。后来，连他自己都搞不清楚自己到底是谁了，只有他的女儿嘟嘟说：这个爸爸不是真的爸爸，她的爸爸不见了。

万般无奈之下，牛飞终于决定面对这种底层生活，他开始进入角色，能力出众的他一旦认真起来，干什么都出色。他开始培训伙计，重整店面，甚至亲手设计服装，很快，这间小小的女装店声名远播，顾客也络绎不绝。

碰巧的是，在卖衣服的过程中，牛飞遇到了原来的老板，他不经意间显露的非凡商业才能引起了老板的注意，老板对牛飞许以重金，让他去主持国外的一个重大项目，而这正是他车祸之前负责的那个项目。牛飞兴奋地发现自己就要回到原来的生活了，但他同时却面临着选择，因为接受原来的生活就意味着要离开“妻子和女儿”两年。

最后，出人意料的是，牛飞拒绝了老板的邀约，原来，不知不觉中，牛飞已经爱上了这种平凡却温暖的生活，他拒绝了原来的所谓成功，选择了更加真实的家庭生活。这时，女儿嘟嘟悄悄告诉牛飞：她感觉自己的真爸爸回来了。

故事还没结束。牛飞虽然爱上了这样的平凡生活，但他终究还是从车祸的昏迷中苏醒了，不出所料，之前的一切只是他在昏迷时的幻觉，他还是那个人人欣羡的商界精英。牛飞发了疯地跑出医院，来到梦里的他的家，然而，那里没有杨琪，没有嘟嘟，只有另一对年轻的夫妇。这一刻，他终于发现，自己这么多年来最大的遗憾原来是未能执子之手，与之偕老——年轻时的牛飞和杨琪因为有着不同生活梦想而分道扬镳……

想必每个女人，尤其是已经不再年轻的女人都曾幻想过：要是当初如何如何，现在就怎样怎样了。只是，她们往往忽略了这样一个事实：你当初之所以没有选择那条在今天看来更加成功的路，不是因为自己的判断力出了问题或者运气不佳，而是因为，在你的心灵深处，现在的这条路上，有更加吸引你的东西。

那些过得不满意的人，往往不是因为当初没有做出最正确的选择，而是因为选择了之后，没有耐心耕耘、细心发现，以至于对眼前的快乐熟视无睹，却痴望着另一条路上所谓的“幸福”。

88. 守住初心，就不会被外界的复杂“攻击”

回忆在北京广播学院求学的那段时光时，柴静这样写道：“拎着小红桶去洗澡的路上，天地像水洗过一样的清澈明净，风潜入赤着的脚踝。粗糙的石子路，溅开着的淡黄雏菊，处处使时光倒流。”

柴静怀念的，是那个单纯而美好的年纪。紧跟着回忆，柴静感慨现在的自己：“彼时我是无名少年，充满不可解的怅惘。而今时今日，人变得懒于思考，勤于长胖。我随身行李中只带一本《红楼梦》，睡前翻几页。从不看后四十回。也不全是高鹗的原因。前半部的书里有一种气氛，是我贪恋的，像烂漫嬉笑的童年。”柴静贪恋的，是每个女人在匆忙的生活中渐渐丢失的、纯真的初心。

年轻姑娘刚出学校，总是满怀希望和抱负，未来仿佛一块可以尽情丹青的画布，触手可及；人生也像一片可以恣意畅游的大海，近在咫尺。但是入世久了，坎坷挫折遭受多了，艰难困苦经历多了，结果要么是纯真的心境被染污了，要么就是善良的意愿渐渐变质了。或者本来很爽直的人，变得不敢说话了，本来很真诚的人，变得花言巧语、顾左言他……就这样，许多女人的心性渐渐变得世故。

其实，这都是因为大多数女人的独立人格和内心力量不够强大，不足以抵御冷酷的世界，不足以保护最初的那颗完美的纯真之心。但正如柴静提醒女人的那样：独立人格、强大内心的源头活水不应该是历经磨难后的厚黑与城府。正所谓解铃还须系铃人，真正能帮助女人保持内心清净本色、不受外界侵扰的力量，正是这清净的“初心”本身。

纯真的“初心”是世间万物与生俱来的珍宝：婴儿的啼哭、树枝的摇曳、花儿的绽放、蟋蟀的轻唱，它们听凭内心的召唤创造出这些美的事

物，是本性使然，没有特别的理由。只是，对我们这些长大的孩子来说，除了简单的“听从内心”以外，还得善加守护才行。

柴静在主持《夜色温柔》时，有一期的主题是《收藏品》，她说：“我所知道的一个女孩子，在她20多岁的时候，仍然保留着七八岁那几年所收到的一些东西。一个会下雪的纸镇，一串别人送给她的玛瑙珠子，一两张磨损的折角的圣延卡。那是她7岁的时候渴望得到和所能得到的一切。另外还有一个女孩子，在她很小的时候，她邻居的那个女孩有一串水晶珠子，但是因为那时候家境拮据，一串也没有得到过。等到她长大之后自立更生，她唯一的收藏就是水晶珠链。至今为止她已收藏了几百串。”这就是一种对初心的悉心的守护。

小时候，我们都曾拥有一双清澈干净的眼睛，一颗简单纯洁的心。慢慢地，外界的复杂开始向我们的内心“攻击”，尘世的繁冗进驻了我们的内心。那个最单纯、最简单的自我被我们封锁在了体内，因为我们惧怕被外界伤害，不想把自己最简单的样子展现给他人。但是，这样做只能让我们逐渐被世俗所吞噬，让本真的自己失去了光彩。

有了这份纯真的喜悦，我们不再需要四处寻觅，上下求索。因为找回了初心，就找回了脚下的路，找回了人生的方向，找回了关于幸福的一切秘密。